中华传统食材丛书

总主编 魏兆军 陈寿宏

豆荚芽菜卷

主 编 商 红 商亚芳

编 委 孙 芊 殷 琪 蔡家深

合肥工业大学出版社

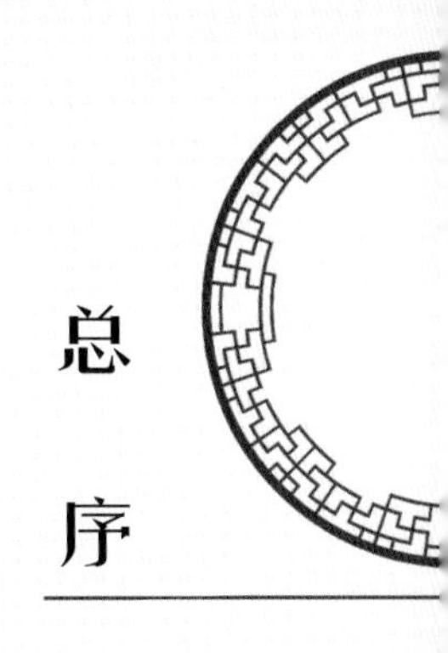

总序

健康是促进人类全面发展的必然要求，《“健康中国2030”规划纲要》中提出，实现国民健康长寿，是国家富强、民族振兴的重要标志，也是全国各族人民的共同愿望。世界卫生组织（WHO）评估表明膳食营养因素对健康的作用大于医疗因素。“民以食为天”，当前，为了满足人民日益增长的美好生活的需求，对食品的美味、营养、健康、方便提出了更高的要求。

中国传统饮食文化博大精深。从上古时期的充饥果腹，到如今的五味调和；从简单的填塞入口，到复杂的品味尝鲜；从简陋的捧土为皿，到精美的餐具食器；从烟火街巷的夜市小吃，到钟鸣鼎食的珍馐奇馔；从“下火上水即为烹饪”，到“拌、腌、卤、炒、熘、烧、焖、蒸、烤、煎、炸、炖、煮、煲、烩”十五种技法以及“鲁、川、粤、徽、浙、闽、苏、湘”八大菜系的选材、配方和技艺，在浩渺的时空中穿梭、演变、再生，形成了绵长而丰富的中华传统饮食文化。中华传统食品既要传承又要创新，在传承的基础上创新，在创新的基础上发展，实现未来食品的多元化和可持续发展。

中华传统饮食文化体现了“大食物观”的核心——食材多元化，肉、蛋、禽、奶、鱼、菜、果、菌、茶等是食物；酒也是食物。中国人讲究“靠山吃山、靠海吃海”，这不仅是一种因地制宜的变通，更是顺应自然的中国式生存之道。中华大地幅员辽阔、地大物博，拥有世界上最多样的地理环境，高原、山林、湖泊、海岸，这种巨大的地理跨度形成了丰富的物种库，潜在食物资源位居世界前列。

“中华传统食材丛书”定位科普性，注重中华传统食材的科学性和文化性。丛书共分为30卷，分别为《药食同源卷》《主粮卷》《杂粮卷》《油脂卷》《蔬菜卷》《野菜卷（上册）》《野菜卷（下册）》《瓜茄卷》《豆荚芽菜卷》《籽实卷》《热带水果卷》《温寒带水果卷》《野果卷》《干坚果卷》《菌藻卷》《参草卷》《滋补卷》《花卉卷》《蛋乳卷》《海洋鱼卷》《淡水鱼卷》《虾蟹卷》《软体动物卷》《昆虫卷》《家禽卷》《家畜卷》《茶叶卷》《酒品卷》《调味品卷》《传统食品添加剂卷》。丛书共收录了食材类目944种，历代食材相关诗歌、谚语、民谣900多首，传说故事或延伸阅读900余则，相关图片近3000幅。丛书的编者团队汇聚了来自食品科学、营养学、中药学、动物学、植物学、农学、文学等多个学科的学者专家。每种食材从物种本源、营养及成分、食材功能、烹饪与加工、食用注意、传说故事或延伸阅读等诸多方面进行介绍。编者团队耗时多年，参阅大量经、史、医书、药典、农书、文学作品等，记录了大量尚未见经传、流散于民间的诗歌、谚语、歌谣、楹联、传说故事等。丛书在文献资料整理、文化创作等方面具有高度的创新性、思想性和学术性，并具有重要的社会价值、文化价值、科学价

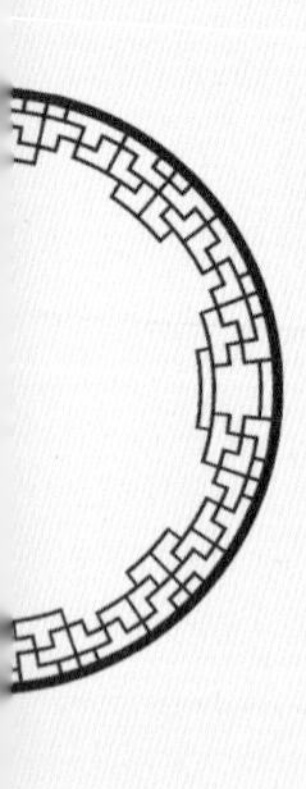

值和出版价值。

对中华传统食材的传承和创新是该丛书的重要特点。一方面，丛书对中国传统食材及文化进行了系统、全面、细致的收集、总结和宣传；另一方面，在传承的基础上，注重食材的营养、加工等方面的科学知识的宣传。相信“中华传统食材丛书”的出版发行，将对实现“健康中国”的战略目标具有重要的推动作用；为实现“大食物观”的多元化食材和扩展食物来源提供参考；同时，也必将进一步坚定中华民族的文化自信，推动社会主义文化的繁荣兴盛。

人间烟火气，最抚凡人心。开卷有益，让米面粮油、畜禽肉蛋、陆海水产、蔬菜瓜果、花卉菌藻携豆乳、茶酒醋调等中华传统食材一起来保障人民的健康！

中国工程院院士 

2022年8月

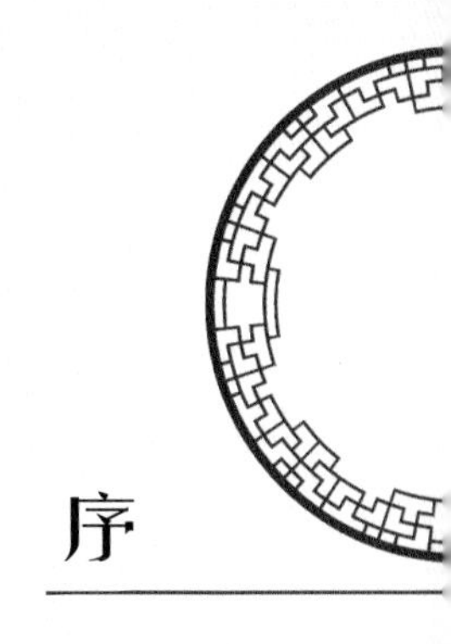

序

豆荚芽菜是豆科植物的果实种子经发芽后而成的嫩芽或植物的嫩芽，含有蛋白质、脂肪、碳水化合物及人体必需的微量元素，还含有黄酮、多酚等对人体具有多种生理活性功能的小分子物质，是机体所需营养素的重要来源。豆荚芽菜在我国具有悠久的食用历史，是日常饮食的重要组成部分。

本卷介绍了27种可食用的豆荚芽菜，对其物种本源、营养成分、食材功能、烹饪与加工及食用注意事项进行了重点介绍，有助于读者了解食材的起源和食用方法，并附有相关歌谣、诗及传说故事，有助于读者更全面地了解这些食材。本卷的食材包括黄豆芽、黑豆芽、大豆、豆腐、黑大豆、毛豆、绿豆、绿豆芽、赤豆、豇豆、豌豆、豌豆芽（苗）、蚕豆、蚕豆芽、鹰嘴豆、花生芽、扁豆、芸豆、白凤豆、槐豆、四棱豆、白米豆、黎豆、香椿芽、萝卜芽、花椒芽和柳芽。这些食材分别来自于豆科（21种）、被子门楝科（1种）、十字花科（1种）、芸香科（1种）、杨柳科（1种）、蝶形花科（2种）。本卷介绍的食材在我国传统医书中均有记载，具有多种功效。如黄豆芽具有清热解毒、利湿消积、润燥的功效；鹰嘴豆具有生干生热、补身壮阳、利尿止痛、祛风止痒、去垢生辉、生发乌发的功效；四棱豆可用于治疗口腔溃疡、齿痛、咽痛等。同时，现代营养学已证实这些食材中的活性成分具有多种生理功能。如花生芽中含有丰富的白藜芦醇，具有抗氧化、抗癌、抗炎等作用性。枸杞芽中的儿茶素、黄酮类等活性成分，有助于抗动脉硬化、降血糖、促眠、降血压、护肝、减肥、延缓衰老等。

感谢在本卷的撰写过程中给予大力支持和帮助的魏兆军教授和课题组成员。本卷编写人员分工明确，认真负责，书中图片大部分由编者亲自拍摄。此外，本卷书稿还得到了一些专家和同仁的支持，在此一并感谢。

浙江大学陆柏益教授审阅了本书，并提出宝贵的修改意见，在此表示衷心的感谢。

由于水平有限，疏漏之处恳请各位专家同仁批评、指正。

编　者

2022年7月

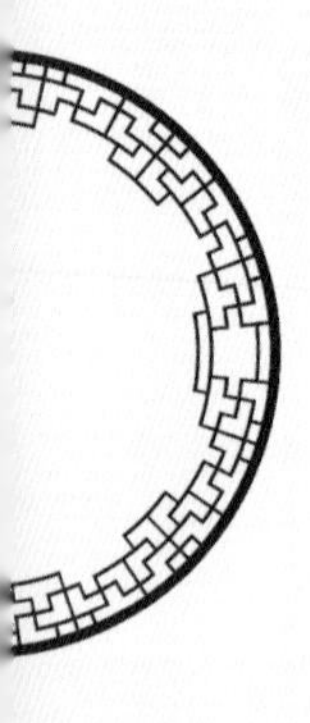

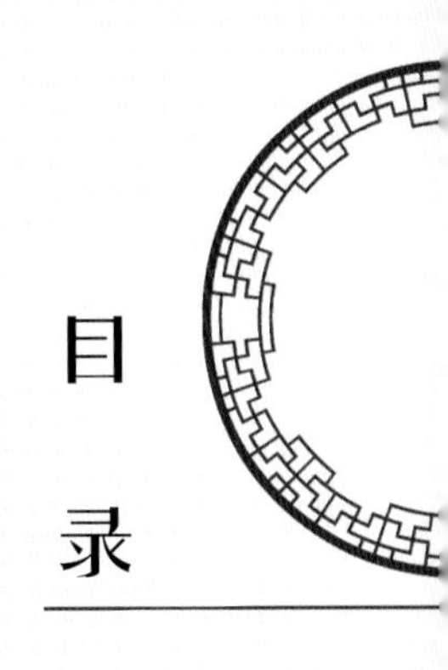

目录

黄豆芽

种豆豆苗稀，力竭心已腐。
早知淮南术，安坐获泉布。

——《次刘秀野蔬食十三诗韵（其十二）》
（南宋）朱熹

一、物种本源

拉丁文名称，种属名

黄豆芽为豆科大豆属一年生草本植物大豆——黄豆［*Glycine max*（L.）Merr.］的成熟种子经水浸泡后发芽而成，又名如意菜、金钩。

形态特征

黄豆芽的嫩芽部分以长短适中、白中显淡黄绿者为佳。

生境分布

南宋史籍《山家清供》一书曾记载黄豆芽作为家常食品食用。至明清之际，各种食籍均有对黄豆芽的记载。到18世纪，华人将黄豆芽带入欧美地区，其在西方国家开始盛行。黄豆芽在我国各地均有栽培。

二、营养及成分

黄豆芽与黄豆相比，其蛋白质含量有所下降，但微量元素含量有所上升，特别是维生素C含量有较大幅度的提升。据分析，黄豆芽还含有酚类和甾醇类化合物。

每100克黄豆芽部分营养成分见下表所列。

蛋白质	4.5克
碳水化合物	3克
脂肪	1.6克
膳食纤维	1.5克
钙	21毫克

维生素C	8毫克
铁	0.9毫克
维生素 B_3	0.6毫克
维生素 B_2	0.1毫克

三、食材功能

性味 味甘，性寒。

归经 归脾、大肠、膀胱经。

功能

（1）根据《本草汇言》记载，黄豆芽具有清热解毒、利湿消积、润燥的功效，可用于胃中积热、水肿湿痹等症的治疗。

（2）黄豆芽中含有丰富的微量元素，如维生素C、维生素 B_1、维生素 B_2 和维生素 B_3 等，有助于维持人体正常代谢，有效预防皮炎、口腔炎等症。

（3）黄豆芽中含有丰富的植物次级代谢产物酚类化合物，包括绿原酸异构体、对香豆酸、咖啡酸、没食子酸和芥子酸等，能够为机体提供外源性抗氧化剂，清除体内过多的自由基。

（4）黄豆芽中含有β-谷甾醇、豆甾醇、菜油甾醇、环木菠萝烯醇等化合物，具有多种生理活性功能，包括抗衰老、降血脂、抗菌、消炎、抗动脉粥样硬化和抗神经性退化等。

四、烹饪与加工

黄豆芽排骨汤

（1）材料：黄豆芽、排骨、料酒、姜、葱、盐、鸡精。

黄豆芽排骨汤

（2）做法：排骨在沸水中汆烫去除血沫后，加入料酒、葱段、姜片，小火煮1小时，放入黄豆芽，大火烧沸，再转小火炖15分钟，加入适量盐、鸡精等调味，即可。

黄豆芽拌菜

（1）材料：黄豆芽、青椒、青萝卜、黄瓜、豆腐、醋、糖、花椒油、盐。

（2）做法：黄豆芽摘去老根、洗净，青椒、青萝卜、黄瓜洗净后切丝，将黄豆芽、青椒用热水焯一下，备用；豆腐焯水后切碎，备用；混合所有菜品，加入醋、糖、花椒油、盐，拌匀，即可。

黄豆芽拌菜

黄豆芽口服液

（1）预处理：将黄豆芽制备成浆液，再利用冷冻干燥机干燥成粉。

（2）加工：以60%乙醇作为浸提液，提取黄豆芽内活性成分，将提取液进行减压浓缩，加入蜂蜜、蔗糖、食盐、黄原胶进行调配。

（3）成品：进行均质、灌装、杀菌等流程，制成成品。

黄豆芽乳调味饮料

（1）预处理：黄豆芽经清洗去皮后，利用微波技术进行脱腥处理，随即使用沸水进行热烫处理，冷却至室温后进行打浆处理，过滤掉细渣，备用。

（2）加工：加入牛乳、白砂糖、柠檬酸和复合稳定剂进行调配。

（3）成品：调配好后，进行均质、陈化、灌装、杀菌等工艺，制成成品。

五、食用注意

（1）黄豆芽性寒，慢性腹泻、脾胃虚寒、尿多者不宜食用。

（2）烹调黄豆芽时，不可加碱，以免破坏维生素。

（3）无根豆芽忌食。

黄龙困雪地

相传南宋年间，小康王逃难到了浙江宁波。天寒地冻，又被金兵追了三天三夜，小康王饿得眼冒金星。

这一天黄昏，小康王忽然看见远处炊烟袅袅，赶紧快马加鞭赶了过去。走近一看，小康王乐坏了！只见一户人家，两间草屋，一位老婆婆正在生火做饭。小康王连忙跑去朝老婆婆行了个礼，道："婆婆救命，给点吃的吧！"

老婆婆见小康王虽然灰头土脸、衣衫不整，但是举止气度不凡，心想：可能是个落难的富家公子，便说："我们穷苦人家，没什么好吃的，公子你可不要介意。"说罢，便给小康王盛了碗剩饭，又将半碗黄豆芽烧豆腐倒入饭中。

小康王顾不上斯文，一通狼吞虎咽，吃得干干净净。老婆婆见小康王饿成这样，又好笑又心疼，就又给他盛了一碗。小康王感激得连眼泪都流出来了，边吃边问道："婆婆，这道菜太好吃了，叫什么名字？"

老婆婆有心逗一逗这个落难的公子，想了想便说："这道菜可不同寻常哦，叫'黄龙困雪地'。吃了之后啊，这黄龙就能一飞冲天呢！"

后来，还真被老婆婆说中了，小康王在杭州做了皇帝。虽说每日都有山珍海味，可怎么也吃不出逃难时老婆婆那道菜的味道。御厨是换了一批又一批，可是他们都没听说过"黄龙困雪地"这个菜名。

小康王吃不上"黄龙困雪地"，心里着急，就派心腹到宁波去寻老婆婆。一方面是想报恩，另一方面是想问"黄龙困雪地"的做法。结果，功夫不负有心人，还真让小康王的几个心腹寻到了老婆婆，他们赶紧问老婆婆这不寻常的“黄龙困雪地”究竟是什么菜。

老婆婆听了哈哈大笑：“我之前是开玩笑的，哪是什么不寻常的菜啊，其实那就是我们宁波农家的家常菜——黄豆芽烧豆腐。”

有了皇帝的垂青，“黄豆芽烧豆腐”成了宁波的一道招牌菜。

黑豆芽

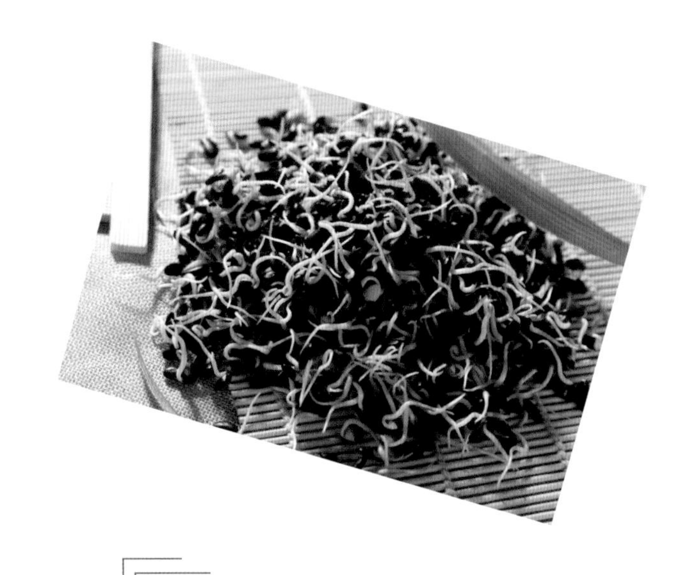

今朝日南长至，黑豆生芽。
大众恭惟欢庆，铁树开花。
如何结果，龙驰虎骤，撒土抛沙。

——《偈颂十首·今朝日南长至》（南宋）释如净

一、物种本源

拉丁文名称，种属名

黑豆芽为豆科大豆属一年生草本植物黑豆［*Glycine max*（L.）Merr.］的成熟种子经水浸泡后长出嫩芽而成，别名小豆芽。

形态特征

黑豆芽茎部短且胖、脆而易折，芽部多呈黑色，以茎部颜色清透、芽部黑者为佳。

生境分布

黑豆芽在全国各地均有栽培。

二、营养及成分

黑豆芽中的营养成分随着萌发时间的长短而有所变化，氨基酸含量约为30%，还原糖含量约为0.2%，异黄酮含量最大值约为1.1%，皂苷含量最大值约为1.5%。与黑豆相比，黑豆芽的蛋白质利用率提高了10%，抗营养因子成分减少，新增维生素C和维生素B_{12}，核黄素含量是黑豆的4～5倍。

每100克黑豆芽（发芽第六天）部分营养成分见下表所列。

蛋白质	6.1克
可溶性糖	4毫克

三、食材功能

性味 味甘，性微凉。

归经 归脾、肾经。

功能

（1）黑豆具有活血利尿、清热消肿、补肝明目的功效。

（2）黑豆芽中含有丰富的植物次级代谢产物，如多酚和异黄酮类等活性成分，具有抗氧化、防衰老、预防乳腺癌、缓解骨质疏松等作用。

（3）黑豆芽中的大豆异黄酮成分具有类雌激素的作用，能够双向调理机体内雌激素分泌水平，从而具有美容养颜的功效。

四、烹饪与加工

清炒黑豆芽

（1）材料：黑豆芽、葱、姜、蒜、糖、生抽、蚝油、盐、油。

（2）做法：将黑豆芽洗净，油锅爆香葱、姜、蒜，把黑豆芽加入油锅中进行翻炒；加入糖、蚝油、生抽等调味料，再加入适量清水炖煮几分钟，出锅加盐，即可。

凉拌黑豆芽

（1）材料：黑豆芽、蒜、橄榄油、米醋、糖、盐、油。

（2）做法：将黑豆芽洗净，用加有盐和橄榄油的沸水进行焯水处

凉拌黑豆芽

理，晾凉后加入米醋、糖和盐等调味料拌匀；将蒜切成末，表面撒上少许蒜末，在蒜末上淋热油爆香，即可。

黑豆芽奶味布丁

（1）预处理：黑豆芽与水混合后进行打浆处理，过滤除渣。

（2）加工：添加一定比例的木糖醇、香精和复配凝胶剂，进行调配。

（3）做法：将所有原料搅拌均匀，制成布丁，进行封口、灭菌处理。

黑豆芽菜饮料

（1）预处理：黑豆芽菜经挑选、清洗、灭酶护绿、冷却至室温后，研磨成细浆。

（2）加工：与蔗糖、柠檬汁、稳定剂等进行调配、均质。

（3）成品：经真空脱气、常压杀菌等工艺，制成黑豆芽菜饮料。

五、食用注意

（1）黑豆芽属寒凉食物，食用过多可损伤胃气。

（2）黑豆芽的粗纤维含量高，食用过多易出现腹泻症状。

（3）慢性肠炎或者胃炎患者不可多食。

黑豆芽的传说

传说山东日照南部有一座山，名叫皮狐山。皮狐山下有个曹家沟，曹家沟里有一户人家，自称曹府。

曹府家大业大，生意遍布全国各地。虽说是大户人家，却从不欺贫爱富，不仅一点富豪的架子都没有，而且经常施恩四邻八舍，方圆几十里无不感恩戴德。

据说，曹府不是普通人家，而是在此地修行的狐仙家族。

当地居民无不接受过曹家恩惠，所以他们相处甚好。

比如，谁家有红白喜事，大摆宴席，都要用很多盘碗等用品，他们便会到曹府来借用。

他们只要到皮狐山下一个石洞口喊一声：借盘碗用一用，请您行个方便吧？

第二天，石洞门口就会整齐地摆放着他们需要的物品。当然，这些物品用后他们都会自觉归还。

平时，若有人外出，也时常互相捎带个书信衣物啥的。他们和谐相处，互相帮忙，时间久了，似达成默契。

有一年腊月二十九，当地一渔民出海，给曹府捎回一封信，这大概是曹家在南方做生意的皮狐精写的家信。

渔民到曹府门前大喊了一声："南边来信了。"

不多会儿，出来一位老者。只见这位老人鹤发童颜，红光满面，慈眉善目，脚步轻盈，身着长衫，手持拐杖，似一位不食人间烟火的天外人。

老者接过书信满脸欢喜，连声道谢。看天色已晚，便说："兄弟辛苦了，请到府里用过晚餐吧。"

渔民一路奔波，已觉疲累，也不客气，便随老者一同进了府。

酒足饭饱之后，欲起身告辞，只见管家手提一个竹篮，小心地递给他说：“要过年了，主人的一点心意，请笑纳。”

渔民接过竹篮，掀开蒙在篮子上的红盖布，仔细一瞧，原来是一篮子黑豆芽。觉得不是什么值钱的东西，也没放在心上。寒暄之后便离开了曹府。

出了曹府，渔民心想这曹府真是小气，大过年的谁稀罕这些东西，再加上酒喝的有点多，一路上摇摇晃晃往家走，把那豆芽撒了一路，回到家只剩了个空竹篮。他把竹篮扔到地上倒床就睡着了。

第二天早上，渔民媳妇看到竹篮里有个东西光闪闪的，走近一看，又惊又喜，赶忙回里屋晃醒熟睡的男人，问他竹篮的缘由。渔民一五一十地说了曹府喝酒吃饭的事，硬是把那篮黑豆芽给忘了。

不曾想，曹家给的哪是什么黑豆芽，竟然是满满一篮金豆子。可惜的是被渔民一路丢掉了，幸好还落下两颗。

渔民和老婆迫不及待地沿原路找寻，遗憾的是路上除了石头、沙子外，其他什么都没找到。

大豆

采菽采菽，筐之莒之。
君子来朝，何锡予之？
虽无予之？路车乘马。
又何予之？玄衮及黼。

——《诗经·小雅·采菽》（节选）

一、物种本源

拉丁文名称，种属名

大豆为豆科大豆属一年生草本植物大豆［*Glycine max*（L.）Merr.］的成熟种子，又名毛豆、香豉、泥豆、黄豆。据考证，古籍中的“菽”即为大豆。

形态特征

大豆荚果肥大且稍弯，内含2～5粒种子，种子呈椭圆形或近球形，种皮光滑且呈淡绿色、黄色、褐色和黑色等多种颜色。

生境分布

我国为大豆的原产地，栽培历史已有几千年。大豆在全国各地均有种植。

二、营养及成分

据测定，大豆富含钙、钾等常量元素和铬、铁、磷、铂、硒、锌等微量元素，其中钙含量较高；含有赖氨酸、亮氨酸、苏氨酸等人体必需氨基酸；含有亚麻酸等不饱和脂肪酸、多酚、异黄酮、D-松醇、大豆皂苷等活性成分。

每100克大豆主要营养成分见下表所列。

蛋白质	35.1克
碳水化合物	18.6克
脂肪	16克

膳食纤维	15.5克
钙	0.2克
维生素A	37毫克
维生素E	18.9毫克
铁	8.2毫克
维生素B_3	2.1毫克
维生素B_1	0.4毫克
维生素B_2	0.2毫克

三、食材功能

性味 味甘，性平。

归经 归脾、胃、大肠经。

功能

（1）中医常用大豆治疗脾气虚弱、消化不良、疳积泻痢、腹胀羸瘦、妊娠中毒、疮痈肿毒、外伤出血等症。

（2）大豆中含有天然抗氧化剂，如维生素E、多酚等活性成分，具有抗氧化、降血压等作用。经常食用大豆可提高机体免疫力。

（3）大豆中的大豆异黄酮成分是一类雌激素，可明显改善女性更年期综合征症状，延缓女性衰老。

（4）大豆中含有的D-松醇和大豆皂苷等成分，不仅具有止咳、祛痰的功效，还具有降低胆固醇、抗氧化、抗炎等生理功能。

（5）大豆中的膳食纤维，能够有效促进肠道蠕动，加速排便，有助于清除消化道内固体废物，防止便秘。

四、烹饪与加工

豆腐

（1）预处理：将大豆洗净、浸泡，使其吸水后的质量达到原质量的1～1.2倍。

（2）加工：吸水后直接进行磨浆处理，充分释放大豆中的蛋白质、纤维素等活性成分，磨浆后将豆浆与豆渣分离，进行煮浆程序，通过加热使大豆蛋白变性，消除大豆中的抗营养因子，进一步杀菌。

（3）成品：最后在豆浆中加入凝固剂，并放入模具中成型。

豆浆

大豆经水浸泡3～12小时，磨碎，过滤除掉豆渣后得到生豆浆，将生豆浆加水烧开，即可饮用。

酱油

大豆酱油是以大豆、食盐、糖为原料，经蒸豆、发酵、酿制、出油和曝晒等工艺制成。

豆 浆

豆油

大豆油的加工方法有压榨法、浸出法等。

（1）预处理：对大豆进行清理、筛选。

（2）加工：对大豆进行水分调节、破碎、轧坯、挤压膨化、大豆油浸出、混合油处理、油净化、混合油蒸发、汽提、过滤、脱胶、脱酸、脱色、脱臭等工艺，获得成品油。

豆腐干

豆腐干的生产工艺与豆腐的相类似，区别为在加入凝固剂成型过程中的豆腐干浇制厚度更薄，压制时间为15~30分钟，成品水分含量为60%~65%。

豆腐干

五、食用注意

（1）炒熟的大豆不宜多食。

（2）大豆过敏者不宜食用。

（3）烹饪时，不宜加热时间过长。

二月二炒金豆

《史记》记载：大豆起源于中国。早在3000年前，我国人民就开始种植大豆了，中国人吃豆已有几千年的历史。传说在很早很早的时候，有一个名叫后稷的农神来到人间教人们种植五谷。五谷指禾、稷、稻、麦、菽。菽，就是今天誉满天下的大豆。

相传，古时候有一年大旱，民不聊生。龙王怜悯众生，私自做主下了一场大雨，救活了百姓。玉皇大帝震怒，把龙王压在山下，并称金豆开花之时才是龙王的出头之日。

于是百姓寻找金豆开花，盼望龙王降雨，这样便形成了"二月二炒金豆"的习俗。在中国南方，还有"二月二，龙抬头，盼雨水，炒金豆"的民间俗语。

豆腐

传得淮南术最佳，皮肤退尽见精华。
旋转磨上流琼液，煮月铛中滚雪花。
瓦罐浸来蟾有影，金刀剖破玉无瑕。
个中滋味谁得知，多在僧家与道家。

——《咏豆腐诗》（明）苏平

一、物种本源

拉丁文名称，种属名

豆腐由豆科大豆属一年生草本植物大豆［*Glycine max*（L.） Merr.］制成，又名黎祁、水豆腐。

形态特征

豆腐因点制豆腐的材料不同，可分为南、北豆腐。南豆腐用石膏点制，成品豆腐水分含量高，约为90%，质地细嫩。北豆腐多用卤水或酸浆点制，成品豆腐中水分含量约85%，质地较南豆腐老、韧且味浓，也较容易烹饪。

生境分布

豆腐为老少皆宜的美食，全国范围都有食用。

二、营养及成分

豆腐中蛋白含量高，含赖氨酸、色氨酸、烟酸、维生素B_1、维生素B_2、不饱和脂肪酸等营养物质，被称为“植物肉”。豆腐容易被人体消化吸收，消化吸收率达95%以上。

每100克南豆腐部分营养成分见下表所列。

蛋白质	6.2克
脂肪	2.5克
碳水化合物	2.4克
膳食纤维	0.2克

钙	11.6毫克
铁	1.5毫克
维生素B_3	1毫克

三、食材功能

性味 味甘，性凉。

归经 归脾、胃、大肠经。

功能

（1）豆腐有调理脾胃和治疗口渴多饮、口干舌燥及清热解毒（包括酒毒）的作用。

（2）豆腐可用于食疗，对身体虚弱、咳嗽多痰、哮喘、胃胀、气短力乏、肾气虚弱、自汗盗汗、久痢、百日咳、子宫出血等症效果显著。

（3）豆腐中蛋白质和钙的含量高，人体消化吸收利用率高，可预防儿童佝偻病及老年人骨质疏松。

（4）豆腐含有丰富的植物性雌激素——大豆异黄酮，对女性具有一定的防衰老作用，且能缓解女性更年期综合征症状。

四、烹饪与加工

炖豆腐

（1）材料：豆腐、土豆、蒜、油、盐、酱油、味精。

（2）做法：将豆腐和土豆均切成丁，蒜切成末，备用；用蒜末和油爆锅后，加入适量清水、土豆和豆腐，进行炖煮；出锅前加少许盐、酱油、味精调味，即可。

炖豆腐

麻婆豆腐

（1）材料：豆腐、牛肉末、豆豉、蒜苗、姜、葱、油、豆瓣酱、辣椒粉、酱油、淀粉、盐、糖、花椒面。

（2）做法：将豆腐切成2厘米见方大小的方块，用含有少许盐的沸水汆烫，去除豆腥味，放入清水中浸泡，备用；把豆豉剁碎，蒜苗切段，姜、葱切成末，备用；热油翻炒牛肉末至呈金黄色，加入豆瓣酱、豆豉、姜末、辣椒粉等，继续翻炒至牛肉上色，加入适量清水煮沸，加入豆腐块继续煮数分钟，加入酱油、蒜苗段、糖、盐调味，用淀粉勾芡，表面撒上花椒面、葱末，即可。

家常臭豆腐

（1）材料：老豆腐、臭豆腐卤汁、蒜、油、红辣椒面、鸡精、蚝油、生抽、盐、孜然粉、花椒粉、味精、淀粉。

（2）做法：将老豆腐直接放进蒸锅中蒸8分钟左右，放凉后切成薄片，取2块市售臭豆腐卤汁用温水稀释成酱汁，腌制豆腐20分钟；将腌制好的豆腐放入油锅内炸至表面金黄；准备料汁，在碗内加入适量蒜、盐、红辣椒面、鸡精、蚝油、生抽、孜然粉、花椒粉、淀粉和水搅拌，放入锅内熬制约2分钟后，将料汁浇入炸好的豆腐中，即可。

毛豆腐

将豆腐切片，放置在20℃左右的室温环境内3~5天，豆腐表面会出现均匀细密的绒毛，即为毛豆腐；可用葱末、姜末、味精等调料翻炒毛豆腐，或用葱末、姜末、大蒜、辣椒等调好酱汁，与毛豆腐一同翻炒。

毛豆腐

五、食用注意

（1）痛风患者和血尿酸浓度增高的患者，勿多食。

（2）脾胃虚寒、便溏腹泻患者不宜多食。

（3）菠菜应焯水后，才可与豆腐同食，以避免影响人体对钙的吸收。

（4）臭豆腐含各种胺类物质及硫化氢，不宜多食。

乐毅与豆腐

豆腐原名叫“豆府之玉”，这个名字与战国时代燕国大将乐毅有关。乐毅是个孝子，父母年迈牙掉光了，咀嚼东西很不方便。乐毅把一些黄豆泡涨后，磨成浆，把磨好的豆渣、豆浆一起煮熟了，端了一碗给父母品尝。父母尝了，摇摇头说：“没滋味！”

第二天，乐毅又磨了些黄豆，再用夏布（一种用麻织成的布）过滤，留下豆浆，放在锅内煮沸。他正想在豆浆中放点糖给老人吃，老父唤他。他把本来伸进糖罐的手，误伸进了盐罐，抓了一把盐放进豆浆，然后把灶膛的火弄灭后就走出去了。等他转回来一看，锅里的豆浆凝成了白生生的乳块。

乐毅将豆乳块小心用刀剖开，放了些油与葱蒜花，父母吃了都说：“味道好！”村里有个知书识字的老者，捻着白须说：“依我看，就叫豆府之玉！”

有一次，老母亲牙床溢血，唇焦舌烂，老医生诊过脉说：“中焦热结，胃火上炎！”医生开的药是石膏，并说“石膏性凉”。乐毅心想黄豆性热，说不定石膏能制服它。于是他抓药时又买了点石膏回来，把石膏粉往滚开的豆浆中冲，过了一会儿便成了一碗白花花的“豆府之玉”。

从此，豆腐的凝固剂，不是盐卤就是石膏。这一传统制作方法在民间流传了几千年。

黑大豆

连朝淹黑豆，黑豆已萌芽。
满地天风起，吹开劫外花。

——《偈颂一百二十三首（其七一）》
（南宋）释祖钦

一、物种本源

拉丁文名称，种属名

黑大豆为豆科大豆属一年生草本植物大豆［*Glycine max*（L.）Merr.］的黑色种子，又名橹豆、料豆、乌豆、零乌豆、黑小豆、马科豆、冬豆子、黑豆。

形态特征

黑大豆呈卵圆形或近于球形，以用指搓去表面的一层白色霜物，见其乌黑发亮者为新黑大豆，光发亮而无白霜者为陈黑大豆；气味微弱，味淡，嚼之有豆腥味。

生境分布

我国东北、华北、华东地区均有产出。

二、营养及成分

黑大豆营养丰富，含有丰富的蛋白质、脂肪，含有维生素A、维生素B_1、维生素B_2、维生素B_3、维生素C、维生素E和钙、铁等矿物质，含有丰富的多酚、黄酮等活性成分。

每100克黑大豆主要营养成分见下表所列。

蛋白质	35.1克
碳水化合物	18.6克
脂肪	16克
膳食纤维	15.5克

钙	0.2克
维生素A	37毫克
维生素C	21毫克
维生素E	18.9毫克
铁	8.2毫克
维生素B_3	2.1毫克
维生素B_1	0.4毫克
维生素B_2	0.2毫克

三、食材功能

性味 味甘，性平。

归经 归脾、肾经。

功能

(1) 黑大豆为药食两用、滋养强壮食材，对水肿胀满、风毒脚气、黄疸浮肿、痈肿解毒、遗精盗汗、消渴腰痛、头昏目眩、产后诸病等有食疗促康复作用。

(2) 研究表明，黑大豆中的多糖、黄酮、花青素等成分，能够作为体外抗氧化剂用于清除机体内因氧化应激产生的过多的自由基，可抑制自由基对正常细胞的攻击，从而延缓衰老。

(3) 黑大豆能够降低人体胆固醇含量，降低心脏病的患病率，可以调节血脂水平，预防血脂升高等。

(4) 黑大豆中的活性成分能够抑制铁在机体内代谢的关键物质——铁调素产生，促进机体对铁元素的吸收及机体造血功能，从而有效改善贫血症状。

(5) 黑大豆中的活性成分如皂苷等能够抑制脂肪酸的吸收作用，且能促进脂肪分解，从而预防肥胖。

黑大豆猪肚汤

（1）材料：黑大豆、益智仁、猪肚、盐。

（2）做法：将黑大豆洗净，备用；准备少量益智仁，与黑大豆一同放入干净的纱布袋中，扎紧袋口；将纱布袋与洗净的猪肚一同炖煮，加盐调味，即可。

黑大豆炖鲫鱼

（1）材料：黑大豆、鲫鱼、盐。

（2）做法：将黑大豆炒至外壳开裂，放入鲫鱼炖锅中，加水适量，炖煮1小时，煮好后加盐调味，即可。

黑大豆炖鲫鱼

黑豆芽

（1）预处理：将完整的黑豆新种子浸入20℃左右的温水中约36小

时，让种子充分吸水后，发芽。

（2）加工：在盘底部铺满吸水性强的报纸，待报纸润湿后即可将种子均匀地撒在盘中。室温保持在22℃左右，每天喷水3次，保持纸盘内湿润，即可。

（3）成品：芽苗长度达8厘米左右时，即可采收。

五、食用注意

（1）炒熟后的黑大豆易上火，不宜多食。

（2）黑大豆必须煮熟后食用，不得夹生食用。

黑大豆的来历

传说很久以前，在姚丘有户人家，男人叫瞽叟，娶了个媳妇叫握登，生了个天生双瞳仁的儿子，取名叫重华。媳妇病死后，瞽叟继娶了一个媳妇，又生下一个二儿子名叫象。继母心胸狭窄，弟弟象好吃懒做又不讲道理，重华在家常受虐待。

一天，后母想了个坏主意，叫重华和二儿子一起到西北的历山上去种豆子。临出门时，后母交给两个儿子每人一袋豆种，恶狠狠地说："谁种的豆子长出豆苗就能回家，谁种的豆子长不出豆苗就不能回家！"兄弟二人带着干粮和各自的豆种离开家，来到历山。走着走着，带的干粮吃完了，兄弟俩只好吃袋子里的豆籽。

大儿子重华越吃越香，二儿子象越吃越难吃。弟弟抢来哥哥的豆子，一尝发现就是比自己的好吃，就要和哥哥换，善良的哥哥同意了弟弟的要求。两人吃饱以后，就去历山坡上种豆子了。

没多久，哥哥重华种的豆子全部长出了豆苗。而弟弟种的豆子，过了半个月还是不出苗。弟弟害怕极了，哥哥重华双膝跪在历山上，祈求上天神灵保佑弟弟，重华双目一落泪，天上下起了雨，低头再看弟弟的豆苗长满一地。兄弟两个千恩万谢后回家了。

秋天豆子长成后，收回家才发现豆籽有黑色、黄色，原来熟豆子长出的是"黑豆"，生豆子长出的是"黄豆"。从此，便有了"黑豆"和"黄豆"之分。

毛豆

豆粥能驱晚瘴寒，与公同味更同餐。
安知天上养贤鼎，且作山中煮菜看。

——《答李任道谢分豆粥》
（北宋）黄庭坚

一、物种本源

拉丁文名称，种属名

毛豆为豆科大豆属一年生草本植物黄豆［*Glycine max*（L.）Merr.］的新鲜连荚未成熟的种子，又名青豆。

形态特征

毛豆荚果呈长圆形，长约为5厘米，下垂生长；荚表皮有致密、黄色的细长硬毛；荚内有2～4粒种子，新鲜种子呈扁椭圆状卵圆形，长度为0.8～1.5厘米，呈淡绿色。

生境分布

全国各地均有栽培，以长江流域产量最多。

毛豆荚

二、营养及成分

据测定，毛豆含有维生素B_1、维生素B_2、维生素B_3、维生素C、维

生素E、叶酸、亚叶酸、泛酸和钙、磷、铁等矿物质成分；含有亚油酸和亚麻酸等不饱和脂肪酸，含有胡萝卜素、异黄酮类、皂苷等生理活性成分。

每100克毛豆部分营养成分见下表所列。

蛋白质	13.1克
碳水化合物	6.5克
脂肪	5克
膳食纤维	4克
钙	0.1克
维生素C	27毫克
铁	3.5毫克
维生素E	2.4毫克
维生素B_3	1.4毫克
维生素B_1	0.2毫克
维生素B_2	0.1毫克

三、食材功能

性味 味甘，性平。

归经 归脾、胃、大肠经。

功能

（1）毛豆具有生津润燥、宽中益气、清热解毒的功效。临床上，毛豆可用于预防及辅助治疗脾胃虚弱、气血不足、消瘦萎黄、疳积泻痢、腹胀羸瘦、妊娠中毒、痈肿疮毒等症。

（2）毛豆中含有人体必需的亚油酸和亚麻酸等不饱和脂肪酸，可以改善脂肪代谢，有助于降低人体中三酰甘油与胆固醇含量。

(3) 毛豆中的膳食纤维有助于控制胆固醇水平。

(4) 毛豆中含有的大豆异黄酮是植物性雌激素，具有雌激素作用，可用于改善妇女更年期出现的不适症状。

四、烹饪与加工

毛豆笋丁

(1) 材料：毛豆、鸡肉丁、笋丁、葱、小茴香粉、料酒、油、盐、淀粉、姜汁。

(2) 做法：用加入少量盐的清水大火煮带壳毛豆8~10分钟，取出(剥好去壳的毛豆煮八成熟也可)，备用；在热油锅中加少量小茴香粉和葱炒香；加入已用少量料酒和姜汁抓匀的鸡肉丁，翻炒，快熟时加入毛豆和笋丁，加少许盐，用淀粉勾芡，即可。

毛豆炒鸡丁

(1) 材料：毛豆、胡萝卜、鸡肉丁、葱、盐、胡椒粉、淀粉、油。

(2) 做法：将毛豆氽烫去皮，捞出冲凉、沥干；葱洗净、切段，胡萝卜切丁，备用；用盐、胡椒粉、淀粉抓拌鸡肉丁至均匀，腌渍15分钟，备用；用油、葱爆锅，放入鸡肉丁翻炒，盛出；锅中留油，放入胡萝卜丁、毛豆，加适量水，翻炒3分钟至熟，加入炒好的鸡肉丁，调

毛豆炒鸡丁

入盐、胡椒粉炒匀，即可。

三豆烧鲜贝

（1）材料：毛豆、豌豆、黄豆芽、鲜贝、葱、姜、蒜、料酒、盐、淀粉、油、鸡精、醋、味精、大骨汤。

（2）做法：将毛豆、豌豆、黄豆芽洗净，沥干水，备用；用料酒、葱、姜、盐拌匀鲜贝入味，再用淀粉拌匀上浆；将鲜贝放入半熟的油中滑散至熟，倒入漏勺；油少许，烧热，下入葱丁、蒜丁炝香，加入料酒，下入黄豆芽、豌豆、毛豆煸炒，加入大骨汤、鸡精、盐炒至熟透；汤汁将收尽时，加入醋和鲜贝，再加入味精炒匀，并用淀粉勾芡，出锅盛盘，即可。

五香毛豆

毛豆经杀青、护色、盐渍、脱盐，加入八角、花椒、桂皮、小茴香、干姜片、食盐等水煮，再经真空包装、灭菌、冷却等工序，加工成五香毛豆。

五、食用注意

（1）尿毒症患者忌食。

（2）对毛豆过敏者不宜食用。

（3）毛豆应煮熟透后食用，以防中毒。

毛豆评理

话说这一天，四川的毛豆腐和北京的臭豆腐在一间厨房相遇，闲谈之中评论起人类的饮食癖好。

臭豆腐先开口说：“我本来白白胖胖、香喷喷，可人类却将我沤臭了，配上佐料吃，还说闻起来臭，吃起来香，真不可思议。”

毛豆腐道：“你觉得不可思议，我还想不通呢！我的本来面目和老兄你一样，人类不但将我沤臭，还等长了一身毛再下锅烹食，够难受的了。这人类啊，真是不可理喻！”

两块豆腐越说越生气，于是就想找人来评评理。恰好厨师端来一盘毛豆炒丝瓜，于是他俩就把之前的话又说了一遍，要毛豆来评评理：这人类的饮食癖好是不是无比怪异？

毛豆听了，眼泪哗哗地流了下来，把两块豆腐弄得目瞪口呆。他俩安慰毛豆一番后，毛豆哭丧着脸道：“你们二位好歹是出了娘胎以后，才让人类制作成美食的。而我呢，还在妈妈的肚子里，就被人类惦记上了。没等瓜熟蒂落，顺利出生，就要被吃啊！他们强行将我剥出来，配上葱、姜、油、盐和丝瓜一起炒后下酒，你们说我难受不难受？”

绿豆

或藏绿豆因醉翁，或杂寸膏仍缄封。
三说未识将谁从，但觉色香新摘同。

——摘自《曾无疑以长韵送金橘时已暮春次韵》（节选）
（南宋）周必大

一、物种本源

拉丁文名称，种属名

绿豆［*Vigna radiata*（L.）Wilczek.］为豆科豇豆属一年生草本植物的成熟种子，又名青豆子、植豆等。

形态特征

绿豆荚果呈线状，圆柱形，平展，长为4~9厘米，宽为5~6毫米，颜色为淡褐色，表皮有散生的长硬毛；内含8~14粒种子，种子呈淡绿色或黄褐色，短圆柱形，长为2.5~4毫米，宽为2.5~3毫米，种脐呈白色而不凹陷。绿豆有多种类别，从外观上分为明绿豆、毛绿豆和统绿豆；从收割方式可分为刈绿豆和摘绿豆；从粒型上可分为大绿豆和小绿豆。

生境分布

我国绿豆栽培历史较久，贾思勰在《齐民要术》中已有记载，大面积推广种植最晚于宋代。由于绿豆生长适宜范围较广，现全国各地均有栽培，其中东北、华北种植较多。

二、营养及成分

据分析，绿豆中含有亚油酸和亚麻酸等不饱和脂肪酸，还含有异牡荆素等黄酮类和皂苷类活性成分。每100克绿豆主要营养成分见下表所列。

碳水化合物	55.6克
蛋白质	21.6克

营养成分	含量
膳食纤维	6.4克
脂肪	0.8克
钙	81毫克
维生素E	11毫克
铁	6.5毫克
维生素B_3	2毫克
维生素B_1	0.3毫克
维生素B_2	0.1毫克

三、食材功能

性味 味甘，性凉。

归经 归心、胃经。

功能

(1) 绿豆性凉，具有清热解毒、止渴消暑、利尿消肿、止泻的功效，可用于水肿、大便干结、小便淋漓不尽、咽喉肿痛、丹毒、痘疮、荨麻疹等的食疗。

(2) 绿豆中的黄酮、多糖、蛋白及蛋白水解肽均是外源性抗氧化剂，能够清除自由基、螯合金属离子。

(3) 煮熟的绿豆能够降低高胆固醇大鼠血清中的低密度脂蛋白胆固醇含量，提高高密度脂蛋白胆固醇含量，从而起到降血脂的功效。

四、烹饪与加工

绿豆汤

(1) 材料：绿豆、糖。

(2) 做法：将绿豆洗净、泡发，清水煮至锅内出现浅浅的暗绿色

绿豆汤

后，加入糖，凉透后即可食用。

绿豆南瓜汤

（1）材料：绿豆、南瓜。

（2）做法：将南瓜去皮切块，与绿豆一同煮熟，可以补中益气、化痰排脓、消炎止痛、清热解毒。

绿豆南瓜汤

绿豆格瓦斯

以绿豆和大麦为原料，接种酵母菌和乳酸菌，进行发酵，制成绿豆格瓦斯。

绿豆酸奶

（1）预处理：将部分绿豆进行磨浆处理，另一部分进行超微粉碎。

（2）加工：在绿豆和鲜牛乳中，加入白砂糖、稳定剂，接种植物乳杆菌进行发酵。

（3）成品：制成绿豆酸奶。

五、食用注意

（1）绿豆性凉，阳虚、脾胃虚寒、泄泻者慎食，宜夏季食用。

（2）服温补药时，不宜食用绿豆，以免影响药效。

（3）煮食时，不宜加碱，以免降低其营养价值。

宋真宗引种绿豆

相传，绿豆大面积推广种植、造福于民，始于宋代。宋真宗十分重视农业，听说印度的绿豆籽粒大、色泽油亮、颜色鲜艳、沙性好、口感美，于是派特使携带了五石合浦珍珠和五车新疆和田玉去印度，只从印度换得绿豆种二斗，种于皇家后苑，连续繁殖五代后赐给农家种植。从此以后，绿豆在中华大地广泛种植开来。

绿豆芽

金镶玛瑙两瓣，玲珑剔透玉针。
细嫩柔脆可口，色香味美宜人。

——《绿豆芽》（现代）
陈若霖

一、物种本源

拉丁文名称，种属名

绿豆芽为豆科豇豆属一年生草本植物绿豆［*Vigna radiata*（L.）Wilczek］的成熟种子在适宜温度和湿度条件下经水浸泡后长出的嫩芽，又名豆芽菜、巧菜、银针菜、拐杖菜。

形态特征

绿豆芽水分含量适中，茎部长且细、脆而易折，以颜色微黄清透、芽部淡黄者为佳。

生境分布

绿豆芽在我国各地均有栽培。

二、营养及成分

据测定，绿豆芽含胡萝卜素、维生素B_1、维生素B_2、维生素C，以及磷、钙、铁等矿物质。

每100克绿豆芽部分营养成分见下表所列。

碳水化合物	2.1克
蛋白质	2.1克
膳食纤维	0.8克
脂肪	0.1克

三、食材功能

性味 味甘，性寒。

归经 归肝、肾、胃、三焦经。

功能

（1）绿豆芽可以缓解热毒、酒毒、水肿、喉燥咳嗽、视力模糊、食欲不振、体倦乏力等症状。

（2）绿豆芽煎汤煮水，对外伤感染有治疗作用，包括疥疮、烫伤等。

（3）经常食用绿豆芽，对冠心病、高血压、糖尿病、口腔炎、神经衰弱、贫血等疾病有一定的预防作用。

四、烹饪与加工

绿豆芽煮汤

（1）材料：绿豆芽、冬瓜皮、蛤蜊肉、盐。

（2）做法：将冬瓜皮、蛤蜊肉加水煮沸后，改用温火煲约30分钟，放入绿豆芽，煮熟后加盐调味，即可。

素炒绿豆芽

（1）材料：绿豆芽、花椒、白醋、油、味精、盐。

（2）做法：热油煸炒花椒，绿豆芽下锅，爆炒几下，加入少量白醋，持续翻炒数分钟，出锅前放入盐、味精，即可。

素炒绿豆芽

绿豆芽鸡肉粥

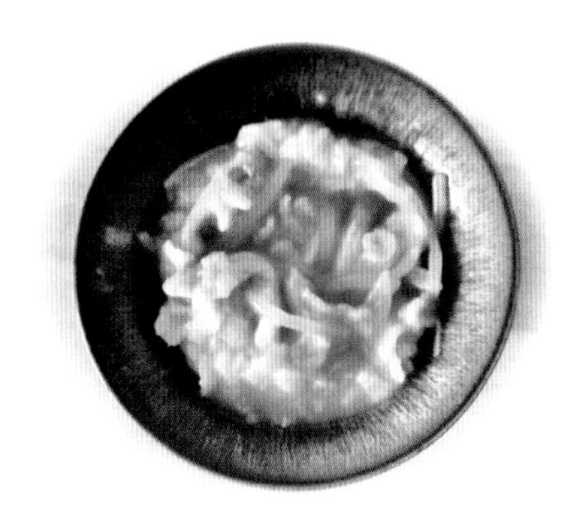
绿豆芽鸡肉粥

（1）材料：绿豆芽、燕麦仁、鸡肉、油、盐。

（2）做法：将绿豆芽、燕麦仁分别洗净，燕麦仁用冷水浸泡30分钟，备用；在加有少量油的锅中用大火翻炒鸡肉丝和绿豆芽，加入燕麦仁和适量清水，大火烧沸后改小火熬煮成粥，待粥煮熟时，加盐调味，即可。

乳酸菌发酵绿豆芽饮料

绿豆芽经清洗、榨汁、酶解、接种发酵（加入乳酸菌发酵剂）、调配（糖、发酵液、水以一定比例混合）、过滤、均质、灭酶、灌装、冷却等工艺，制备成乳酸菌发酵绿豆芽饮料。

绿豆芽软罐头

选取长短粗细均匀一致的绿豆芽，经清洗、热烫灭酶（加入柠檬酸、维生素C和L-半胱氨酸）、冷却至室温，调配汤汁、分装、抽气密封和杀菌等工艺生产成绿豆芽软罐头。

五、食用注意

（1）绿豆皮具有清热解毒的作用，在烹饪过程中不需要去掉。

（2）烹煮绿豆芽不能加碱，以免破坏维生素等营养成分。

（3）患有慢性肠胃炎及消化不良的人不宜多食。

（4）脾胃虚寒的人不宜长期食用。

（5）不宜用铜器盛放绿豆芽，以免破坏绿豆芽中的维生素C。

乾隆与“油泼豆莛”

相传乾隆皇帝吃腻了宫中的山珍海味，便到江南游历一番，吃遍了江南特色美食。乾隆尤其喜欢的“油泼豆莛”，实际就是素炒绿豆芽。

有一天，御厨将择净的绿豆芽放入漏勺，以炸花椒的热油将绿豆芽泼浇至九成熟，再将油淋尽沥干，撒上盐花。只见绿豆芽亭亭玉立，清香四溢，闻起来便让人馋涎欲滴。

御厨在传菜过程中，恰好太监三德子路过，看到这色香味俱佳的绿豆芽，三德子哪里还忍得住，就用手捏了一根放到嘴里，还没有来得及品味，却被乾隆看见了。乾隆要惩罚这个馋嘴的太监，命试毒尝菜的总管掌三德子的嘴。这三德子平时深受乾隆宠信，总管太监也颇为嫉妒，于是下了重手。一巴掌将三德子打翻在地，三德子撞在台阶沿子上，落了两颗门牙，鲜血直流。

这情景在宫中一时被传为笑谈，大家说三德子：“推浪鱼打花，为嘴伤大雅。一根绿豆芽，损去两门牙。”

赤豆

红豆生南国，春来发几枝。
愿君多采撷，此物最相思。
——《红豆》（唐）王维

一、物种本源

拉丁文名称，种属名

赤豆［*Vigna angularis*（Willd.）Ohwi et Ohashi］为豆科豇豆属一年生半缠绕草本植物的干燥成熟种子，又名赤小豆、红小豆、朱红小豆等。

形态特征

赤豆荚果呈圆柱状，长为5~8厘米，宽为5~6毫米，平展或下弯，表皮无毛；种子通常为暗红色，呈长圆形，长为5~6毫米，宽为4~5毫米，两头截平或近浑圆，种脐不凹陷。

生境分布

赤豆原产于亚洲，在我国栽培范围较广，以江苏、陕西、广西等省份（区）为主要栽培地。

二、营养及成分

据分析测定，赤豆中赖氨酸含量较高，含有五环三萜皂苷、黄酮、酚类化合物等活性成分。

每100克赤豆主要营养成分见下表所列。

膳食纤维	55.7克
蛋白质	20.2克
脂肪	0.6克
钙	74毫克
维生素E	14.4毫克

维生素A	13毫克
铁	7.4毫克
维生素B_3	2毫克
维生素B_1	0.2毫克
维生素B_2	0.1毫克

三、食材功能

性味 味甘、酸，性平、微温。

归经 归心、小肠、肾、膀胱经。

功能

（1）赤豆具有清热解毒、健脾益胃、利水消肿、活血排脓、调经通乳之功效，可用于丹毒、水肿胀满、乳腺炎、脚气浮肿、乳汁不通、肠风下血等的食疗。

（2）赤豆中含有可溶性、结合态酚类和内酯类物质，包括羟基苯甲酸、原儿茶素、香豆酸等成分，具有较强的抗氧化活性。

四、烹饪与加工

赤豆粥

（1）材料：赤豆、大米、红枣、糖。

（2）做法：取出适量提前浸泡好的赤豆，洗净后放入汤锅，加入洗净后的大米、红枣、适量清水，大火煮开后转小火，煮至豆子熟烂，加入适量糖调味，即可。

赤豆粥

赤豆糕

（1）材料：赤豆、糯米粉、生粉、发酵粉、糖。

（2）做法：将煮烂且带有少许汤汁的赤豆直接与糯米粉、生粉、发酵粉、糖等一起拌匀，混成糊状，置于蒸锅内蒸熟，冷却后切块，即可。

赤豆奶

将赤豆的水提物与鲜牛奶、糖、乳化稳定剂和水等经原料混合、搅拌、脱气、均质、灭菌、灌装、杀菌等工序制成赤豆奶。

赤豆沙月饼

赤豆沙月饼

（1）预处理：将赤豆煮烂制成沙，备用。

（2）加工：以面粉、猪油和饴糖为原料制成月饼皮，经包馅、烘烤、冷却、包装等工艺进行加工。

（3）成品：制成赤豆沙月饼。

五、食用注意

肠胃功能较差和多尿人群，不宜多食。

腊八传说

腊八节的传统来自“赤豆打鬼”的风俗。传说上古五帝之一的颛顼氏三个儿子死后变成恶鬼，专门出来吓孩子。古代人们普遍迷信，害怕鬼神，认为身体染疾都是由于腊八疫鬼作祟。这些恶鬼天不怕、地不怕，单怕赤豆，故有“赤豆打鬼”的说法。从此，人们在腊月初八这一天以赤豆熬粥，祛疫迎祥。

豇豆

泊来考据几相违，广种千年名不微，
草质重藤花且艳，立根旱壤定需肥。

——《豇豆》（现代）关行邈

一、物种本源

拉丁文名称，种属名

豇豆［*Vigna unguiculata*（L.）Walp.］为豆科豇豆属一年生缠绕草本藤本或近直立草本植物的嫩荚或成熟的种子，又名姜豆、长豆、甘豆、裙带豆等。

形态特征

豇豆分为长豇豆和短豇豆2种，茎有矮性、半蔓性和蔓性3种。南方栽培以蔓性为主，矮性次之。豇豆荚果呈线形，下垂，稍肉质而膨胀或坚实；含有多粒种子，种子呈长椭圆形、圆柱形或稍肾形，长度为6~12毫米，表面为黄白、暗红或其他颜色。

生境分布

北宋《图经本草》已有关于豇豆的记载，我国可能是豇豆的原产地之一。豇豆在全球热带、亚热带地区均有广泛栽培，在我国各地均有栽培。

二、营养及成分

据测定，豇豆中含有多种氨基酸、磷脂、维生素A、维生素B_1、维生素B_2、维生素B_3、维生素C、维生素E、镁、铁、钙、锌、钾；还含有类黄酮和胡萝卜素、花青素等活性成分。

每100克新鲜豇豆部分营养成分见下表所列。

膳食纤维	6.5~8.2克
碳水化合物	4克

营养成分	含量
蛋白质	2.7克
脂肪	0.2克
钙	42毫克
维生素A	20毫克
维生素C	18毫克
铁	1毫克
维生素B_3	0.8毫克
维生素E	0.7毫克
维生素B_1	0.1毫克
维生素B_2	0.1毫克

三、食材功能

性味 味甘、淡，性微温。

归经 归脾、胃经。

功能

（1）豇豆能够健脾补肾、和养五脏、调颜养身、补中益气，可用于脾胃虚弱、吐泻转筋、痢疾、尿频等食疗。

（2）豇豆中含有多酚和类黄酮等物质，可以有效清除机体内多余的自由基，可以延缓衰老。

（3）豇豆中的磷脂可以促进胰岛素分泌，适合糖尿病患者食用。

四、烹饪与加工

豇豆排骨粥

（1）材料：豇豆、排骨、干香菇、米、葱、盐、油、胡椒粉。

（2）做法：将豇豆、葱洗净、切段，备用；排骨洗净、切块，备用；干香菇泡软、切丝，加盐抓匀，备用；锅内放入清水烧沸，放入排骨，汆烫后捞出，沥干，备用；热油煸炒葱花，放入米、排骨、香菇丝，翻炒片刻，加入豇豆段、适量清水，焖煮，出锅前加入盐和胡椒粉调味，即可。

豇豆排骨粥

猪肝炒豇豆

（1）材料：豇豆、猪肝、葱、姜、酱油、黄酒、盐、糖、味精。

（2）做法：将猪肝洗净、切片，备用；豇豆切段，用沸水焯后，捞出，备用；热油煸炒葱花、姜末出香味，加猪肝片煸炒，放入豇豆、酱油、黄酒、少量清水焖煮片刻，再加入适量盐、糖、味精煸炒入味，出锅盛盘，即可。

猪肝炒豇豆

豇豆粉丝

（1）预处理：选用豇豆籽粒，浸泡吸水至豇豆粒表皮有裂纹。

（2）加工成品：经磨碎、过滤、沉淀、吊粉等工艺制成粉丝。

豇豆八宝菜

（1）预处理：准备豇豆、黄瓜、藕、甘蓝、螺丝菜、姜、花生，将生姜切末，备用，将剩余的食材去掉外皮、削根，再用清水洗净后，全部切成小丁。

（2）加工：把准备好的原料加入盐调匀后，腌制3天左右，腌好以后弃去水分，控干表面水分，然后加入黑酱中腌制。腌制时，一定要密封，酱料不能太少，一定要没过蔬菜。

（3）成品：腌制时间为10天，直接取出食用，即可。

五、食用注意

（1）气滞便结之人应少食豇豆，以免腹胀。

（2）豇豆是高嘌呤食物，痛风患者不宜食用。

秦始皇的赶山鞭

豇豆的来历是一段与秦始皇相关的美丽传说。

秦始皇统一中国后，心中最放不下的事是华夏大地山峦叠嶂，西高东低，凹凸不平。为了却心愿，他去求助于天庭主管搬重移物的大力神——麻力大仙，请他来帮助移山填海。麻力大仙说：“这有何难，我借你一根赶山鞭，只要把我这鞭儿拿在手上轻轻一挥，高山夷为平地，山填大海变桑田。”

秦始皇听后非常高兴，拿起赶山鞭轻轻一挥，果然灵验。将原在河南嵩山位置的泰山，移至山东临海现在的泰安。移山填海的事惊动了东海龙王敖广，他忙召集四海龙王商量如何阻止秦始皇移山填海，以保住存在了数百万年的龙宫。

四海龙王正无计可施之际，东海龙王的三女儿附耳于父：“如此这般……”

东海龙王哭丧着脸说：“事到如今，也只好如此了。”

于是东海龙王三公主带着贴身丫鬟蚌精和赶鱼虾的水族鞭，腾云驾雾，半夜子时来到秦始皇的阿房宫。她叫蚌精在宫外守候，自己独身入宫。三公主念动真言，将秦始皇身边的正宫娘娘移身，自己摇身一变，变成秦始皇的正宫娘娘。三公主见秦始皇睡熟后，将水族鞭与赶山鞭调了包，并将赶山鞭断成三截抛向中原大地，长成像鞭杆、鞭梢样的豇豆随风飘荡。

秦始皇带领文武大臣，聚集于天山、昆仑山准备移山填海。可三鞭打下，高山纹丝不动，只有山沟里的小鱼小虾炸开了锅，四处逃命……

白米豆

形似米粒化身，超越米之功能。
秋风初起收获，扯断无数蔓藤。

——《白米豆谣》民谣

一、物种本源

拉丁文名称，种属名

白米豆为豆科豇豆属一年生藤本植物豇豆[*Vigna unguiculata*（L.）Walp.]的白色种子，又名牛米豆、米眉豆、米眼豆、米草豆、白眼豆等。

形态特征

白米豆果荚细长，呈镰刀形；种子呈肾形，颜色、光泽度、口感、味道与稻米相似；白米豆以身紧、色白且带淡绿者为佳品。

生境分布

白米豆原产于我国，在黄淮地区有栽培，后由旅外华人传到东南亚等地。

二、营养及成分

经分析测定，白米豆含有丰富的维生素A、维生素B_1、维生素B_2、维生素B_3、维生素C、维生素E；含有叶酸、木质素、胡萝卜素及钙、铁、镁、锰、钾、硒等矿物质。

每100克白米豆主要营养成分见下表所列。

碳水化合物	56.6克
蛋白质	20.2克
膳食纤维	6.5克
脂肪	0.6克

三、食材功能

性味 味甘，性微温。

归经 归胃、肾、大肠经。

功能

（1）白米豆具有滋养、解热、利尿、消肿的作用，将其用于食疗，对脾胃虚弱、肾虚遗精、口渴多尿有辅助疗效。

（2）白米豆中膳食纤维含量丰富，脂肪含量少，经常食用有助于肠道健康。

（3）白米豆富含多种维生素，可预防因维生素A、维生素B缺乏引起的皮肤干燥、干眼症、脚气病等症。

（4）白米豆与其他谷类同食，可以实现氨基酸互补，提高蛋白质利用率。

四、烹饪与加工

花生白米豆煲鸡脚

（1）材料：白米豆、鸡脚、花生、红枣、猪骨、姜、盐。

（2）做法：将花生和白米豆洗净，红枣去核，鸡脚洗净，将鸡脚的指甲切去，猪骨和鸡脚先焯水，去掉浮沫和血水，洗净，备用；瓦锅里先放猪骨和鸡脚，再放入其他食材，豆类后放，可以防止粘锅；盖上锅盖，大火烧开后，转中小火煲1.5小时，最后加盐调味，即可。

白米豆粥

（1）材料：白米豆、大米、姜、盐、油。

（2）做法：大米洗净后，用少许盐和油拌匀腌制5分钟，再加入电压力锅内；加入洗净的白米豆，再添加适量的清水，放入姜片；小火慢熬2

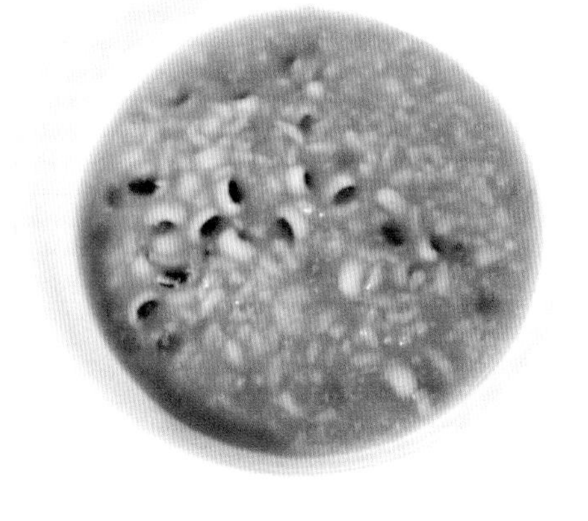

白米豆粥

小时，最后加入适量盐调味，即可。

五、食用注意

（1）白米豆不宜多食，易引起腹部胀气。

（2）白米豆应煮熟透后食用，以免引起身体不适。

白米豆的传说

许多人喜爱看各种版本的《白蛇传》，但大多数人只看到白娘娘与法海和尚地动山摇的争斗，对争斗的前因却知之甚少。

相传数千年前，在四川峨眉山，白娘娘还是一条雌白蛇，法海和尚不过是一只癞蛤蟆。二人都拜移山老母为师，在仙山学道，需修炼3000年才能修成正果。

法海潜心修炼，而白娘娘听从北固山黑风老妖乌鱼精的唆使，想走捷径。黑风老妖告诉白蛇，不需修炼3000年，就能提前功德圆满修成正果。只要每天吃掉一只由癞蛤蟆产出的卵所变成的蝌蚪，就能少修炼一天，白蛇听后信以为真。

于是白蛇真的每天吃一只蝌蚪，总共吃掉36万只小蝌蚪，真的少修炼了1000年而提前修成正果。从此，癞蛤蟆与白蛇结下了深仇大恨，民间有诗为证：癞宝白蛇欲成仙，本应诚修3000年。白蛇不正走邪道，冤冤相报并非轻。

因此，法海比白娘娘晚成正果1000年。等修成正果后，法海在杭州西湖边找到了白娘娘，用照妖钵将白娘娘收住，压在雷峰塔下1000年。白娘娘需将吞进去的36万只小蝌蚪全部吐出来，才能得到自由。那被吐出的小蝌蚪全部滚落到天目山山涧，结成了洁白似玉的白米豆。

豌豆

岂有耶溪父老钱，无朝无暮在樽前。
樱桃豌豆分儿女，草草春风又一年。

——《春晚杂兴十二首·岂有耶溪父老钱》（宋）方回

一、物种本源

拉丁文名称，种属名

豌豆（*Pisum sativum* L.）为豆科豌豆属一年生攀缘性草本植物的种子，又名青豆、小寒豆、淮豆、麻豆、雪豆、冬豆等。

形态特征

豌豆荚果臃肿，呈长椭圆形，顶端斜急尖，背部几乎为直，内皮有纸质感且坚硬，内含2~10粒种子，种子为圆形、青绿色、有皱纹或无，干后颜色变为黄色。豌豆可分为粮用和菜用2种。粮用豌豆有青粒和白粒2个品种：青粒豌豆颜色好，鲜味足；白粒豌豆鲜味淡，荚色淡。菜用豌豆又叫荷兰豆，有宽荚和狭荚之分：宽荚种荚色淡绿，味淡，鲜味差；狭荚种如竹叶青，荚色较深，味浓。

生境分布

豌豆是古老的豆类作物之一，在我国种植地主要分布在四川、河南、湖北、江苏、青海、江西等多个省份。

二、营养及成分

经测定，鲜豌豆中富含有蛋白质、脂肪、碳水化合物，膳食纤维，胡萝卜素、维生素B_1、维生素B_2、烟酸、维生素C及钙、磷、铁等矿物质。

每100克鲜豌豆部分营养成分见下表所列。

碳水化合物	18.2克
蛋白质	7.4克

营养成分	含量
膳食纤维	3克
脂肪	0.3克
维生素A	37毫克
钙	21毫克
维生素C	14毫克
维生素B_3	2.3毫克
铁	1.7毫克
维生素E	1.2毫克
维生素B_1	0.4毫克
维生素B_2	0.1毫克

三、食材功能

性味 味甘，性平。

归经 归脾、胃、大肠经。

功能

（1）豌豆能和中下气、益脾和胃、通乳、生津止渴、利小便，还有止泻的功效。

（2）水解豌豆蛋白获得的豌豆肽，能够显著抑制与炎症调节有关的活性因子，具有抗炎的作用。

（3）豌豆中的膳食纤维能够增加肠道微生物菌群的多样性及活性，有效促进肠道中有机物的降解。

（4）豌豆中的胰蛋白酶抑制剂可以调节人体的生理代谢活动，具有消炎、防辐射、降血糖等功效。

（5）豌豆中的槲皮素、芹菜素、大豆黄素等酚类化合物具有很强的抗氧化活性。

豌豆粥

（1）材料：豌豆、糖桂花、糖玫瑰。

（2）做法：将豌豆洗净，放入锅内，加水置旺火上煮沸，煮沸后撇去浮沫，用小火煮熬至豌豆熟烂；把糖桂花、糖玫瑰分别用凉开水调成汁；食用时，先在碗内盛入豌豆粥，再加上少许桂花汁、玫瑰汁，搅拌均匀，即可。

豌豆黄

（1）材料：豌豆、蓝莓、草莓、糖、蜂蜜。

（2）做法：豌豆用清水浸泡5小时后，煮烂，用料理机打成匀浆；将匀浆放入锅中熬煮至黏稠状，加入适量糖，搅拌均匀，出锅装盘，放入冰箱冷藏直至凝固；切块，即可。

豌豆粥

豌豆黄

豌豆啤酒

以豌豆为原料，经发芽处理后，将豌豆芽干燥、粉碎，采用浸出糖化法进行糖化处理，过滤豌豆芽汁，接种啤酒酵母，制成豌豆啤酒。

豌豆淀粉

豌豆中淀粉含量丰富，可使用碱提法制备豌豆淀粉。

五、食用注意

（1）消化不良者慎食。

（2）有尿路结石者、慢性胰腺炎患者不宜食用。

哪吒与豌豆

相传，豌豆的来历与托塔李天王的三公子哪吒有关。哪吒抽了东海龙王三太子敖丙的龙筋后，四海龙王齐心将李家告上天庭。玉皇大帝大怒，认为李家犯了天规，下旨命天兵天将捉拿李天王全家并打入天牢，以肃天条。

哪吒虽小，可他是个孝子。自己犯法，绝不连累父母与家人，决定“剁肉还母，剔骨还父”，以示“好汉做事好汉当”。他又将随身携带的“浑天绫”“风火轮”“乾坤圈”三件宝物送还师傅，将周岁时师伯麒麟子送给他的用昆仑玉珠制成的青白两条手链扯断，洒向人间。

第二年，落在中原大地的青白玉珠发芽生根，长叶开花，结出了青豌豆和白豌豆。

豌豆芽（苗）

夺泥燕口，削铁针头。
刮金佛面细搜求，无中觅有。
鹌鹑嗉里寻豌豆，鹭鸶腿上劈精肉。
蚊子腹内刳脂油。亏老先生下手。

——《醉太平·讥贪小利者》
（元）佚名

一、物种本源

拉丁文名称，种属名

豌豆芽（苗）为豆科蝶形花亚科豌豆属一年或二年生草本植物豌豆（*Pisum sativum* L.）在适宜条件下经吸水萌发而生成的嫩苗。豌豆芽（苗）又名安豆苗、龙须菜、龙须苗。

形态特征

豌豆芽（苗）以苗体嫩黄、苗尖翠绿、色泽鲜艳、软嫩者佳。

生境分布

豌豆芽（苗）在全国各地均有栽培。

二、营养及成分

经测定，豌豆芽（苗）中含有丰富的矿物质，如铁、钙等，还含有叶绿素、人体所需氨基酸、可溶性蛋白、黄酮和多酚等成分。

每100克豌豆芽（苗）部分营养成分见下表所列。

蛋白质	3.1克
碳水化合物	2.8克
脂肪	0.3克
钙	59毫克
铁	1.8毫克

三、食材功能

性味 味甘，性平。

归经 归脾、胃、大肠经。

功能

（1）豌豆芽（苗）具有益中气、止泻痢、调和营卫、利小便、消痈肿、解乳石毒的功效。

（2）豌豆芽（苗）中的豌豆多糖，能够为机体提供外源性抗氧化剂，可以清除多种自由基。

（3）豌豆芽（苗）中含有丰富的膳食纤维，有助于排便。

（4）豌豆芽（苗）中的优质蛋白质、维生素C及胡萝卜素等成分，可以增强人体免疫力。

四、烹饪与加工

清炒豌豆芽（苗）

（1）材料：豌豆芽（苗）、葱、姜、料酒、盐、味精、油。

（2）做法：油热后加入葱、姜丝爆锅，再加入豌豆芽（苗）翻炒，随后加入料酒、盐、味精调味，炒至豌豆芽（苗）断生，即可。

凉拌豌豆芽（苗）

（1）材料：豌豆芽（苗）、盐、芝麻油、油。

（2）做法：用加有少许油和盐的沸水焯烫豌豆芽（苗），捞出，晾凉后加盐和芝麻油拌匀，即可。

清炒豌豆芽（苗）

豌豆黄

（1）预处理：豌豆芽（苗）去皮后，与红枣汁混合打浆，制备混合浆液。

（2）加工：将混合浆液进行酶解，随即加入琼脂、白砂糖，在水浴锅中加热溶解，再放入蒸锅中蒸30～40分钟，取出放入冰箱冷藏。

（3）成品：冷藏后定型。

豌豆芽（苗）啤酒

（1）预处理：豌豆芽（苗）经逐渐升温程序（凋谢期、焙燥期、焙焦期）进行干燥，将干燥后的豌豆芽（苗）进行粉碎。

（2）加工：采用浸出糖化法制备豌豆芽（苗）汁，并用滤纸进行过滤，得澄清豌豆芽汁，接种啤酒酵母进行发酵。

（3）成品：充分发酵后，完成豌豆芽（苗）啤酒的生产。

五、食用注意

豌豆芽（苗），味甘、性平，诸无所忌。

豌豆苗里的乡愁

豌豆苗在古代可算是个稀罕物，《清稗类钞》里记载：“豌豆苗，在他处为蔬中常品，闽中则视作稀有之物。每于筵宴，见有清鸡汤中浮绿叶数茎长六七寸者，即是。惟购时以两计，每两三十余钱。”

苏东坡爱吃豌豆苗，不过他的豌豆苗里除了清香甘甜，还有苦涩的乡愁。话说当年苏东坡被贬到黄州，想吃家乡的豌豆苗，但黄州一带没有，便托好友从蜀地带来种子。于是苏东坡在黄州种上了豌豆苗，吃上了家乡菜。离家十五载的痛苦在这豌豆苗的甘甜里渐渐融化，豌豆苗抚慰了苏东坡的乡愁，他还专门写了一首诗：“彼美君家菜，铺田绿茸茸。豆荚圆且小，槐芽细而丰。”乡愁，不就是这甜甜的又苦苦的滋味吗？

无独有偶，陆游也爱吃豌豆苗。有一回陆游客居四川，家中冷冷清清又腹中饥饿，他不禁想起南朝庾杲之自己在家里种了二十七种蔬菜，便效仿庾郎，在地里种上了豌豆苗，自己煮来做食。清苦与美味之间，是清高与乡愁啊。

豌豆苗在江南又叫安豆苗，扬州人在岁首的餐桌上必摆上一盘豌豆苗，以期家安人安，岁岁平安。

蚕豆

蚕豆花开映女桑，方茎碧叶吐芬芳。
田间野粉无人爱，不逐东风杂众香。

——《蚕豆花香图》（清）汪士慎

一、物种本源

拉丁文名称，种属名

蚕豆（*Vicia faba* L.）为豆科野豌豆属一年生或越年生草本植物的种子，又名胡豆、佛豆、罗汉豆、马齿豆、夏豆、青皮豆、川豆等。

形态特征

蚕豆荚果呈长圆形，皮厚且荚果肥大，长约10厘米，宽约2厘米，内含2~4粒种子；种子扁平且为椭圆形。按照种皮颜色，蚕豆可分为白皮豆、青皮豆和红皮豆；按照播种期分类，可分为春蚕豆和冬蚕豆两类。

生境分布

蚕豆起源于亚洲西南部和非洲北部一带，其栽培历史已长达4000年之久，是世界上最古老的栽培作物之一。《太平御览》中记载："张骞使国外，得胡豆种归"，张骞出使西域初次带回蚕豆，距今已有2000多年的历史。蚕豆在我国大多数地区均有种植，长江以南地区以冬蚕豆为主，长江以北地区以春蚕豆为主。

二、营养及成分

据分析测定，蚕豆含有类黄酮、原花色素和活性肽等成分。

每100克去皮蚕豆主要营养成分见下表所列。

碳水化合物	49克
蛋白质	24.6克

膳食纤维	10.9克
脂肪	1.1克
钙	49毫克
维生素E	4.9毫克
铁	2.9毫克
维生素B_3	2.2毫克
维生素B_2	0.2毫克
维生素B_1	0.1毫克

三、食材功能

性味 味甘，性平。

归经 归脾、胃经。

功能

（1）蚕豆可补中益气、健脾益胃、清热利湿、止血降压、涩精止带，可用于中气不足、倦怠少食、高血压、咯血、衄血等病症的食疗。

（2）蚕豆皮富含膳食纤维，能够有效降低肠道内胆固醇含量，促进机体胃肠蠕动。

（3）蚕豆中蛋白质、维生素C和钙等营养素含量丰富，经常食用能够有效预防心血管疾病，延缓动脉硬化，促进儿童骨骼发育。

四、烹饪与加工

茴香蚕豆

（1）材料：蚕豆、香葱、盐、茴香、香料。

（2）做法：将蚕豆去掉豆荚，洗净，香葱洗净，去根打结；锅内倒

茴香蚕豆

适量水，放入香葱和香料；加入蚕豆，大火烧开，调小火煮蚕豆，加入适量盐调味；将茴香切小段，备用；蚕豆煮熟后加入茴香，略煮后关火；将蚕豆在香料水中浸泡入味后取出，即可。

鸡蛋炒蚕豆

（1）材料：蚕豆、鸡蛋、剁辣椒、盐、五香粉、油。

（2）做法：蚕豆去掉外皮，用刀切分成两半，下锅用开水焯过，焯水后的蚕豆过冷水，加入一勺剁辣椒；打入两个鸡蛋，加入五香粉、盐搅拌，将蚕豆、蛋液混合均匀；锅中放入适量的油，油热后倒入鸡蛋蚕豆液；翻炒均匀，炒至鸡蛋熟透，即可。

蚕豆粉丝

先经泡豆、淘洗、磨豆、过筛、调浆、撇浆水、过细筛、吊湿淀粉等工艺提取蚕豆淀粉，再经配粉、打糊、和面、揉面、压制粉丝、晾粉、泡粉、晒粉等工序，制成蚕豆粉丝。

五、食用注意

（1）蚕豆不易消化，不宜多食；脾胃虚弱者更不宜多食。

（2）患有遗传性血红细胞缺陷症、痔疮出血、慢性结肠炎、尿毒症等疾病的人群，不宜食用蚕豆。

还乡豆

徐文长一生除了喜爱诗词、文赋、书法、丹青之外，还有第五大嗜好，就是吃茴香豆。传说他靠吃茴香豆才考上秀才，又为着吃茴香豆而丢了举人功名。

徐文长年轻的时候，曾经两次在县里考秀才，都不曾考中。什么原因呢？原来他文思敏捷，别人要花三个时辰完成的试题他不到一个时辰就答完了。

那个时候，考生不得提前交卷离场。做完试卷，百无聊赖的徐文长两次在试卷背面作画，惹怒考官，故两次名落孙山。待到第三次考试时，妻子特地缝制了一只布袋，装满了茴香豆。徐文长进了考场，果然顾不得看考卷，津津有味地嚼起茴香豆来。待一袋豆吃完，离终场时间只有半个时辰了。徐文长这才擦擦嘴巴，抓过试卷，一挥而就。这一次，徐文长总算成了一名秀才。

赴杭州参加乡试时，徐文长又背着一袋茴香豆上路了。第二天清早，妻子刚拉开院门，就看到徐文长急急忙忙往家中走来，扬着手中的袋说："娘子，豆在路上吃完了，所以我只好连夜赶回来了。"妻子气得只好换了个大布袋装豆。

可是不出两天，他又回来了。后来老婆索性给他装了一麻袋豆，雇了头毛驴驮着，不料道路曲折难行，等赶到杭州时，一年一次的乡试已结束了。徐文长回到家中，老婆无可奈何地说："唉，茴香豆变成还乡豆了。"

蚕豆芽

翠荚中排浅碧珠，甘欺崖蜜软欺酥。
沙瓶新熟西湖水，漆櫑分尝晓露腴。
味与樱梅三益友，名因蠢茧一丝约。
老夫稼圃方双学，谱入诗中当稼书。

——《招陈益之、李兼济二主管小酌·益之指蚕豆云》

（南宋）杨万里

一、物种本源

拉丁文名称，种属名

蚕豆芽为豆科野豌豆属一年生草本植物蚕豆（*Vicia faba* L.）的干籽粒在适宜条件下经过吸水萌发而成，又名芽蚕豆、发芽蚕豆、寒豆芽、芽马齿豆。

形态特征

蚕豆芽以新鲜、碧绿、芽白，芽长不超过1厘米者佳。1千克风干蚕豆种子可生产1厘米长的发芽豆4千克左右。

生境分布

全国各地（以长江以南为主）均有栽培。

二、营养及成分

据分析测定，蚕豆芽中含有丰富的碳水化合物、蛋白质、膳食纤维等，以及钙、磷、镁等常量元素和铁、锌、硒等微量元素。

每100克蚕豆芽部分营养成分见下表所列。

碳水化合物	4.4克
蛋白质	2.4克
膳食纤维	0.9克
脂肪	0.2克

三、食材功能

性味 味甘，性平。

归经 归脾、胃经。

功能

（1）蚕豆芽食用有助于缓解水肿、尿涩黄、不思饮食、心烦气短、五脏不调、壅滞等症。

（2）蚕豆芽有降血压和降血脂的功效。

四、烹饪与加工

雪菜炒蚕豆芽

（1）材料：蚕豆芽、雪菜、盐、味精、油。

（2）做法：热油锅大火翻炒雪菜，然后把提前焯过的蚕豆芽放入锅中，继续翻炒，加入盐、味精调味，即可。

竹笋炒蚕豆芽

（1）材料：蚕豆芽、竹笋、盐、味精、油。

（2）做法：热油锅翻炒蚕豆芽，加入竹笋继续翻炒，加水煮开，至蚕豆芽煮熟变软，加入味精和盐调味，即可。

雪菜炒蚕豆芽

竹笋炒蚕豆芽

辣味蚕豆芽

（1）材料：蚕豆芽、葱末、辣椒酱、生抽、糖、盐、味精、油。

（3）做法：把清洗干净、沥干水分的蚕豆芽放入已加有适量清水的高压锅内煮开，等到上气后关火，焖煮；另准备一个炒锅，用热油翻炒蚕豆芽，加入辣椒酱、生抽、糖、盐、味精等，翻炒，撒入葱末，即可。

五、食用注意

（1）对蚕豆过敏者，勿食蚕豆芽。

（2）服用云南白药者，勿食蚕豆芽。

（3）中焦虚寒者，慎食蚕豆芽。

蚕豆开黑心花

在所有花朵里，蚕豆花别具一格，开出的是黑色的花心。这里啊，还有个传说。

从前有个叫蚕丫头的童养媳，她婆婆不拿她当人。有一天蚕丫头饿急了，偷吃一块冷锅巴，婆婆见了，就从热灶膛里抽出烧红的火钳，逼着蚕丫头跪上去，烫得蚕丫头直喊救命。这一来惹起了众怒，把恶婆婆送进了监牢。

俗话说“多年的媳妇熬成婆”，这蚕丫头后来也弄了个童养媳妇。“前半世铁匠店里吃了亏，后半世豆腐店里来翻梢”，她待童养媳妇和她婆婆一样的凶，也逼童养媳跪烫火钳。隔壁邻居劝她说：“蚕丫头，你婆婆作孽坐监牢，你若再不回头，也没有好下场。”

蚕丫头怀恨在心，暗地里买来巴豆，捣成汁水。趁夜黑，偷偷地倒进了村里人吃的水井里。村里人吃了井水，人遭灾、畜遭殃，病的病、亡的亡，村里一片凄惶。

村里人查明了投放毒汁的是蚕丫头，众怒之下，就把蚕丫头绑起来，罚她跪在井边。快到天黑的时候，刮起了北风，下起了大雪。雪停了，人们到井边一看，蚕丫头不见了，雪地里留下了她跪下的膝盖印，从膝盖印中长出一棵草来。这棵草，枝条楞方，叶子碧绿，开着雪青的花朵儿，花冠像蝴蝶，花心是黑的。

人们知道井边长出的这棵小草花是蚕丫头变的，就取名“蚕豆花”。蚕豆花很漂亮，可是花心是黑的，它的秸子老了是黑的，叶子老了是黑的，连豆荚老了也是黑的。

鹰嘴豆

劳动来书问寂岑，近来惭愧语知心。
无风亦读陈琳檄，有虑难消杜甫吟。
千里路遥同向背，十年人老任升沉。
闻君著述西泠外，鸡豆秋肥烟又深。

——《柬复钱塘周晓苍》

（明）梁以壮

一、物种本源

拉丁文名称，种属名

鹰嘴豆（*Cicer arietinum* L.）为豆科野豌豆族鹰嘴豆属草本植物的成熟种子，是世界上栽培面积较大的食用豆类植物，其外形似鹰嘴，别名羊头豆、桃尔豆、鸡豆、鸡心豆、脑豆子等，是维吾尔族常食的药食两用豆类，维吾尔语称之为“诺胡提”。

形态特征

鹰嘴豆荚果呈卵圆形且膨胀，长度约为2厘米，宽度约为1厘米，幼时呈绿色，成熟后颜色变为淡黄色。荚果内有1~4粒种子，呈黑色或褐色，有皱纹且一端具细尖。其种子、嫩荚、嫩苗均可食用。

生境分布

鹰嘴豆起源于亚洲西部和近东地区，在我国种植地主要分布于新疆、青海和甘肃等省份（区）。

二、营养及成分

鹰嘴豆含有人体必需氨基酸，含有亚油酸、棕榈酸、油酸、α-亚麻酸等多种脂肪酸，含有甾醇、植物雌激素、异黄酮、类胡萝卜素、皂苷等活性成分。

每100克鹰嘴豆营养成分见下表所列。

碳水化合物	27.4克
蛋白质	8.9克

钾	0.8克
磷	0.5克
钙	0.2克
镁	0.1克
维生素E	11.6毫克
钠	6毫克
铁	5毫克
锌	4毫克
维生素C	3.5毫克
锰	2.2毫克
铜	0.4毫克
维生素B_1	0.4毫克
维生素B_2	0.3毫克

三、食材功能

性味 味甘，性平。

归经 归肺、胃经。

功能

（1）鹰嘴豆能够补中益气、温肾壮阳，主消渴、解血毒、润肺止咳。

（2）鹰嘴豆中含有碳水化合物、粗纤维、多种植物蛋白质，且蛋白质及氨基酸的消化率均高于其他豆类。

（3）鹰嘴豆中含有不饱和脂肪酸，能够降低血脂，对心脑血管有较好的保护作用。鹰嘴豆含有微量元素铬，铬在人体糖代谢中发挥重要作用，可有效地预防糖尿病。

（4）鹰嘴豆中蛋白质降解产物及异黄酮等活性成分已被证实具有明显的抗氧化作用。

四、烹饪与加工

鹰嘴豆羊肉汤

（1）材料：鹰嘴豆、红萝卜、荸荠、大枣、羊腿、香菜、胡椒粒、盐。

（2）做法：鹰嘴豆浸泡过夜，备用；红萝卜、荸荠切条，备用；将鹰嘴豆、红萝卜、荸荠、大枣、胡椒粒、羊腿放砂锅中煲2小时左右，加入盐和香菜，即可。

鹰嘴豆炖猪蹄

（1）材料：鹰嘴豆、猪蹄、葱、姜、八角、五香粉、酱油、盐、油。

（2）做法：鹰嘴豆提前浸泡一夜，猪蹄焯水，洗净，备用；先在锅里放油，把猪蹄煎到皮焦起泡、颜色微黄，放入葱、姜、八角煸炒出香味；再依次放入五香粉、酱油、鹰嘴豆，翻炒均匀；然后加水到淹没食材，大火煮开后转小火炖40分钟；最后加入盐，大火收汁，即可。

鹰嘴豆炖猪蹄

鹰嘴豆曲奇饼干

以低筋面粉、鹰嘴豆粉、奶粉、木糖醇粉、白砂糖、黄油、蛋液、日本豆腐和泡打粉为原料，经搅拌、烘烤等，制成鹰嘴豆曲奇饼干。

鹰嘴豆豆奶

（1）预处理：鹰嘴豆加水泡至完全软化后，研磨成浆，过滤。

（2）加工：向浆液中添加α-淀粉酶水解淀粉，加入蔗糖和柠檬酸进行调配，搅拌均匀后煮沸3次，冷却至室温，利用胶体磨进行乳化。

（3）成品：将乳化液进行高压均质处理，灌装杀菌。

鹰嘴豆豆奶

五、食用注意

肠道敏感的人应少食鹰嘴豆，以免引起胀气或胃痛。

神奇的鹰嘴豆

很久以前，天山脚下有一对夫妇，丈夫体弱多病，骨瘦如柴。妻子相貌丑陋，面黄发焦。二人结婚10年还没有孩子。经大夫诊断，是妻子不能生育。经过多次治疗，却一直没有成效。

“不孝有三，无后为大”。妻子就想请丈夫休掉自己，另觅佳人以续香火。丈夫左右为难，痛苦万分。八月十五日之夜，丈夫做了个神奇的梦。梦里有老神仙告知：向南有核桃圣树，取其果实与鹰嘴豆同食，可解心头之忧。

次日，夫妇二人即动身南下寻找，3年后寻到和田，两人先找到百年核桃树，后觅得鹰嘴豆。将二者同食3个月后，妻子面容娇丽而气质优雅，娉婷袅娜而冰肌玉骨。丈夫广额阔面而明眸皓齿，铜筋铁骨而玉树临风。没过多少日子，妻子便有喜，后生育了一个儿子。

这孩子资质聪颖，才华出众，小小年纪便满腹经纶，人们都说他是天才。孩子也不负众望，长大后考取了功名，数载后荣归故里。他遵父母之命，立碑文祭拜核桃树与神豆。这鹰嘴神豆的佳话也流芳后世。

花生芽

一点圆光，妙洞真香。
恣逍遥、三界行香。
冲和道体，浩瀚天香。
得大良因，长生果，性灵香。
清净仙香，无价名香。
遇清朝、远近钦香。
太平逸乐，花卉偏香。
愿大功成，朝元去，满空香。

——《行香子·一点圆光》
（元）王处一

一、物种本源

拉丁文名称，种属名

花生芽是豆科落花生属一年生草本植物花生（*Arachis hypogaea* L.）的嫩芽，又叫长寿芽。

形态特征

花生芽根长一般为0.1～5厘米，呈乳白色，没有须根；下胚轴呈象牙白色，长度约为1.5厘米，粗为0.4～0.5厘米；种皮内部有乳白色、略带浅棕色花斑纹的肥厚子叶。

生境分布

花生芽生长周期短，在全国各地均有栽培。

二、营养及成分

花生芽中富含多酚类和黄酮类活性成分；含有丰富的氨基酸、膳食纤维、矿物质如钾、磷、硒。花生芽中的白黎芦醇含量比花生高5倍。

每100克花生芽部分营养成分见下表所列。

脂肪	5.9克
蛋白质	5.7克
碳水化合物	5.2克
钾	0.6克
磷	0.5克

镁	0.1克
钠	13.9毫克
钙	9.5毫克
维生素C	6.6毫克

三、食材功能

性味 味甘，性寒。

归经 归肝、心、肺经。

功能 花生芽中的白黎芦醇含量丰富，白黎芦醇及黄酮类化合物具有抗氧化、抗炎及保护心血管等活性作用。

四、烹饪与加工

爆炒花生芽

（1）材料：花生芽、青尖椒、红尖椒、姜、蒜、盐、香油、油、糖。

（2）做法：将新鲜的花生芽去除根须、外皮，用清水漂洗干净后，掐成寸段，锅内水烧开后放一小勺盐，放入花生芽焯半分钟左右，捞出，沥干；将青尖椒、红尖椒和姜分别切丝，蒜切末；锅烧热倒入油，油热后放入姜丝、青尖椒丝和红尖椒丝翻炒，锅内倒入花生芽大火快炒，加入少许盐、糖和蒜末翻炒几下，出锅前淋少许香油盛盘，即可。

爆炒花生芽

凉拌花生芽

凉拌花生芽

（1）材料：花生芽、香菜、蒜、葱、醋、生抽、香油、盐、凉拌汁、红辣椒油。

（2）做法：将花生芽去根部，去花生头衣，浸泡15分钟后，洗净、沥水；锅里加水放入盐，水烧开后倒入花生芽，煮1分钟，捞出盛盘；将蒜泥、香菜、葱倒入碗里，然后加入香油、盐、醋、生抽、红辣椒油、凉拌汁，搅拌，淋到已烫熟的花生芽上，搅拌均匀，即可。

花生芽酱

（1）预处理：将花生芽焯水，用冷水降至室温，置于淘米水中浸泡，洗净，沥干，切成花生芽丁；鸡肉切丁，备用。

（2）加工：加适量植物油，开大火翻炒花椒、八角、大蒜等调味料出香味，加入鸡肉丁，炒至九成熟，加入花生芽丁，煮2～5分钟。

（3）成品：取出后装罐、封口、杀菌，即可。

花生芽酸奶

花生芽研磨打浆、煮沸、过滤后获得花生芽浆，将花生芽浆、白糖、牛奶和菌粉混合发酵，即可制成花生芽酸奶。

五、食用注意

（1）花生芽性寒，慢性腹泻、脾胃虚寒者应少食，以免引起腹泻、腹痛。

（2）痛风患者应少食，以避免加重病情。

花生落地

很久很久以前，花生的果实是长在枝杈上的。

传说有一家母子俩，儿子叫石滚儿，靠种花生为生。可是那些馋嘴的鸟儿天天来叼花生，折腾得这娘儿俩不能安生。有一天中午，该做饭了，石滚儿娘叫石滚儿到地里去摘花生。石滚儿到了地里，见那些鸟儿又在地里叼花生吃，连忙去赶鸟儿，可是鸟儿飞来飞去，害得石滚儿顾起东来顾不了西，顾起西来顾不了东。

石滚儿正在地里来回跑的时候，猛一下听见“哎哟”一声。石滚儿扭头一看，一位白胡子老头倒在地上。他赶快跑过去，看到老人的嘴唇干巴巴的，急忙拿来自己的水壶给老人喂水，又拿来干粮让老人吃。不一会儿，老人醒了过来，对石滚儿说：“好孩子，你救了我一命，我得报答你。”说着从身上摸出一个白玉球递给石滚儿说：“孩子啊，你用自己的手在地上挖一个坑，把它埋进去，以后你就不用再撵鸟了，千万记住别用其他东西去挖，一定要用手！”

石滚儿赶紧跪地磕头，等他抬起头一看，那老人已经没影了。石滚儿就用手在地里开始挖，挖着挖着觉得一阵钻心的疼，他抬起手一看，十个指头都出血了。正要拿铲子去挖时，又想起了老人的话，他咬着牙，忍着疼，又用手挖了起来。挖到两尺来深时，他把白玉球埋了进去。忽然树上的花生都不见了，眼前只剩一片绿叶儿。他急忙跑过去，拔起秧一瞧，嗨，花生都在秧底下呢！

石滚儿这才明白老人说的以后不用再撵鸟的意思，从那以后，花生就一直在土里生长了。

扁豆

小园闲种药，白豆近花篱。
蔓草浑相亚，酴醾不自持。
我衰方采采，秋实正离离。
幸约繁香在，平生见事迟。

——《白扁豆》（元）龚璛

一、物种本源

拉丁文名称，种属名

扁豆［*Lablab purpureus*（L.）Sweet］为豆科扁豆属多年生缠绕草质藤本植物的嫩荚和成熟的豆粒，又名南扁豆、茶豆、膨皮豆、峨眉豆、眉豆、沿篱豆、鹊豆、肉豆等。

形态特征

扁豆荚果为长椭圆形，近顶端扁平且微弯曲，长度为5~8厘米；先端具弯曲的喙，内含2~5粒种子，种子为白色、黑色或红褐色的长方状扁圆形。

生境分布

据史料考证，扁豆为我国原生栽培植物，已有5000多年的栽培历史，全国各地均有种植。

二、营养及成分

据分析测定，扁豆中含有豆甾醇、磷脂（主要是磷脂酰乙醇胺）、蔗糖、葡萄糖、半乳糖、水苏糖、果糖、芹菜素、槲皮素、杨梅素、酪氨酸酶、氰苷等活性成分。

每100克扁豆（白）主要营养成分见下表所列。

碳水化合物	57克
蛋白质	19克
脂肪	1.3克

钙	68毫克
铁	4毫克
维生素B_3	1.2毫克
维生素E	0.9毫克
维生素B_1	0.3毫克
维生素B_2	0.1毫克

三、食材功能

性味 味甘，性微温。

归经 归脾、胃经。

功能

（1）扁豆有调和脏腑、安养精神、益气健脾、消暑祛痰和利水消肿的功效。运用扁豆与其他中草药进行配伍，可治疗婴幼儿腹泻、慢性胃炎、脾胃失调等病症。

（2）扁豆中的植物酸、杨梅素、槲皮素、芹菜素等活性成分，可降低机体内胆固醇，有通经络、行经脉的功效，可预防及治疗糖尿病。

（3）扁豆中含有丰富的维生素C和维生素B_{12}，有助于术后康复、预防病毒与细菌感染及促进儿童大脑发育。

（4）食用扁豆能促进肝脏排出毒素，清肝解毒，且能保持皮肤弹性，美容养颜。

四、烹饪与加工

炒扁豆丝

（1）材料：扁豆、姜、蒜、甜面酱、盐、油。

（2）做法：抽去扁豆两边老筋，洗净后切成细丝；热油锅内放入扁豆丝，翻炒，加入适量甜面酱、盐和清水继续炒匀，用小火将扁豆焖软，加入蒜、姜，用大火快炒至入味，即可。

扁豆粥

（1）材料：扁豆、粳米、盐。

（2）做法：将扁豆洗净切丝，加适量清水和粳米，先用武火煮沸5分钟，再用文火继续熬煮约30分钟，成粥后加盐调味，即可。

炒扁豆丝

扁豆粥

扁豆干

（1）预处理：挑选鲜嫩、不鼓粒、无病虫斑、整齐一致的扁豆，抽筋，洗净，放在沸水中烫漂，烫漂时要使扁豆全部浸入水中，待锅内水再次沸腾时捞出，冷却。

（2）加工：将扁豆均匀地平铺置于通风处，经过7天左右即可阴干。

（3）成品：最后将扁豆干分层叠好，放入密封袋中，放在干燥处保存。食用前，只需将食品袋打开，取出扁豆干在热水中浸泡2~3分钟，凉拌或炒食。

虾油扁豆

（1）预处理：选用鲜嫩扁豆，抽筋，洗净，放入锅中，加适量清水，煮开后捞出，投入冷水中，直到冷透为止，再捞出沥水。

（2）加工：将扁豆放入缸中，按100千克鲜扁豆配60千克虾油的比例，倒进虾油浸渍8～10天，中间倒两次缸，即可。

（3）成品：虾油扁豆成品不仅可保持扁豆的新鲜色泽，而且可使制成的扁豆质地脆嫩。

五、食用注意

（1）胃病患者不宜多食。

（2）扁豆中含氢氰酸及一些抗营养因子，未煮熟不宜食，否则易引起食物中毒。

（3）油炸扁豆会破坏扁豆中的矿物质。

（4）服用潴钾排钠类利尿药患者禁食。

白扁豆的传说

相传，唐僧还在娘肚中时，其父亲陈光蕊就带着妻子殷温娇赴九江上任。从河南堰师到长江边换乘水路时，不慎上了江洋大盗刘洪的贼船。行至途中，刘洪突然惊呼："真古怪来真古怪，南边有金龙在戏水，北边有鲤鱼跃龙门，速请陈大人出舱看宝珍。"陈光蕊闻得，信以为真，忙从船中钻出，问刘洪何处有宝珍。

话语未了，刘洪一脚将陈光蕊踢落江心，见陈光蕊在水中没了动静，刘洪便将身怀唐僧的殷温娇连同金银细软劫往含鄱口。

陈光蕊被打落江中，顺江流而下，撞进东海龙王三小姐闺房的后花园。三小姐的贴身丫鬟蚌精发现了，将其藏在自己的房里，并从龙宫宝库盗得还魂枕。

七七四十九天后，陈光蕊真魂附体还阳。他由衷地感激蚌精的救命之恩，将随身的传家宝夜光珠赠给蚌精。蚌精对陈光蕊日久生情，将七珠条形珍珠发夹回赠陈光蕊，并恋恋不舍地将陈光蕊送至九江复任，惩处贼人刘洪。

陈光蕊与殷温娇团圆后，随身携带的七珠条形珍珠发夹被殷温娇发现。殷温娇一问缘由，心生妒意，便将发夹扔出衙门窗外，发夹落地后长出了白扁豆，缠绕于树上。

芸豆

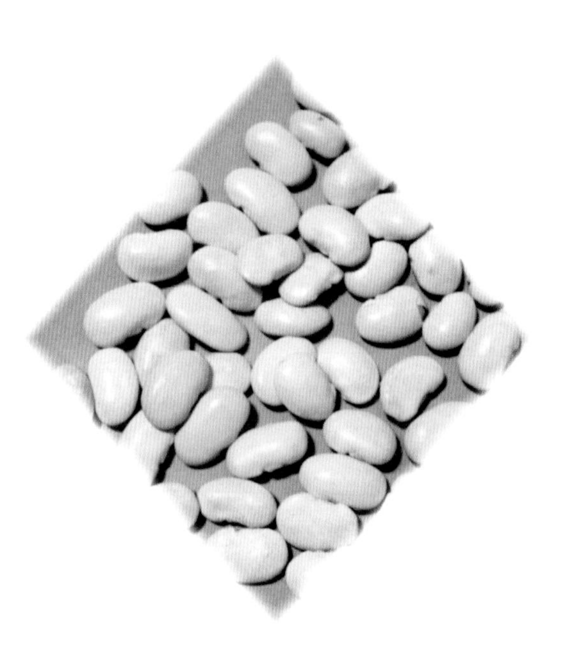

煮炖煎蒸概不奇，鲜尝干制亦相宜。
芽肥质厚苏杭菜，遥忆东坡是本师。

——《芸豆》（现代）关行邈

一、物种本源

拉丁文名称，种属名

芸豆（*Phaseolus vulgaris* L.）为豆科菜豆属一年生缠绕或近直立草本植物的种子，又名二季豆、四季豆、菜豆。芸豆可分为大白芸豆、大黑花芸豆、黄芸豆和红芸豆等，其中大白芸豆和大黑花芸豆品种最著名。

形态特征

芸豆荚果呈带形，稍弯曲，长为10～15厘米，宽为1～1.5厘米，略肿胀，表皮通常无毛，顶部有喙；内有4～6粒种子，种子呈长椭圆形或肾形，长为0.9～2厘米，宽为0.3～1.2厘米，外表呈白色、褐色、紫色或有花斑，种脐通常为白色。

生境分布

芸豆原产于南美洲，16世纪末在我国开始种植栽培。在我国大部分地区均可于春秋两季栽培。

大黑花芸豆

二、营养及成分

据分析测定，芸豆含有多种人体必需氨基酸，维生素B_1、维生素B_2、维生素B_3、维生素E等；皂苷、多糖、α-淀粉酶抑制剂、β-胡萝卜素和花色苷等活性成分。

每100克可食芸豆（白）主要营养成分见下表所列。

碳水化合物	47.4克
蛋白质	23.4克
膳食纤维	9.8克
脂肪	1.4克
维生素E	6.2毫克
维生素B_3	2.4毫克
维生素B_2	0.3毫克
维生素B_1	0.2毫克

三、食材功能

性味 味甘，性温。

归经 归脾、胃、肾经。

功能

（1）芸豆能够调颜养生、生精髓、止消渴，食疗可缓解因脾胃虚弱导致的身体消瘦、面色萎黄、食积腹胀、肾虚遗精及腰酸带下等症。

（2）芸豆中的α-淀粉酶抑制剂能够有效抑制馒头、米饭等食物中淀粉的水解，有助于减肥和降糖。

（3）芸豆中的膳食纤维和皂苷类物质，有助于促进肠胃蠕动，加速体内毒素的排出，能促进脂肪代谢，提高人体免疫力。

（4）芸豆中含有抗氧化肽及红芸豆色素等成分，具有较强的抗氧化活性。

四、烹饪与加工

芸豆荔枝粥

（1）材料：芸豆、荔枝、米、糖。

（2）做法：将芸豆洗净，浸泡6小时；洗净大米，浸泡30分钟；荔枝去皮，去核，取肉；锅内放入芸豆和适量清水，大火烧沸后改小火，放入米；待粥煮至熟烂时，放入荔枝，略煮片刻后加入糖，拌匀，即可。

话梅芸豆

（1）材料：芸豆、话梅、红枣、冰糖、蜂蜜。

（2）做法：洗净的芸豆在凉水中浸泡12小时以上，加入适量话梅、红枣、冰糖和少量清水，放入高压锅中蒸30分钟，取出冷却后，加入少量蜂蜜，拌匀，即可。

芸豆卷

（1）材料：芸豆、红豆沙、糖。

（2）做法：芸豆洗净浸泡1天后，剥去外皮，加水煮40分钟到1小时至芸豆熟透；捞出煮熟的芸豆，沥水，过筛或用搅拌机打成细腻的芸豆泥，根据口味加糖拌匀；打开寿司帘，上面铺一层保鲜膜，取芸豆泥涂在保鲜膜上，尽量涂匀，压成大薄片，将四边不齐的地方切去，均匀地涂上红豆沙，从寿司帘一边慢慢卷起，直到卷成一个圆柱形，取下保鲜膜，切块即可，可轻压使芸豆卷成形。

芸豆卷

五、食用注意

（1）食用未完全煮熟的芸豆易中毒。

（2）芸豆会引起气滞腹胀，腹胀者不宜食用。

五色石渣生芸豆

《西游记》中，孙悟空与六耳猕猴都是十八长老须菩提的徒弟，但两者的出身各异。

一天，孙悟空和六耳猕猴都说石矶娘娘是自己的生母，争执不休，便打了起来。孙悟空抡起十万八千斤重的金箍棒猛地朝六耳猕猴打去，六耳猕猴边打边往西退。退到西北擎天柱时，孙悟空对准六耳猕猴脑门就是一棒，六耳猕猴头一歪，孙悟空一棒打断了西北擎天柱，天塌一角，连玉皇大帝都大惊失色，忙命女娲娘娘带补天童炼五色石补天。

补完后，补天童拎着装有五色石碎渣的袋子往下一抖，碎渣纷纷落入人间。后来，这些碎渣在中原大地生根发芽，开花结果。这果实，便是现在的芸豆。

白凤豆

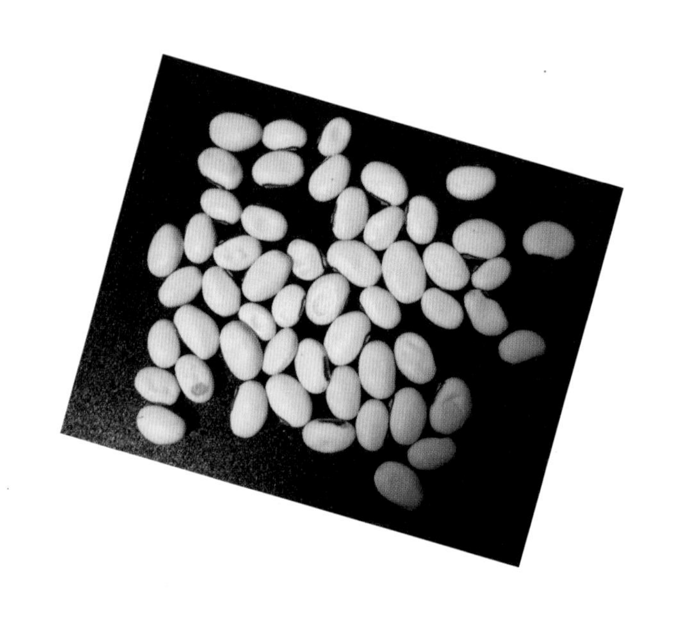

秋风和煦一阵阵，暖暖十月小阳春。
牵绕棚架白凤豆，鸿雁飞来唱几声。

——《白凤豆》（现代）陈德生

一、物种本源

拉丁文名称，种属名

白凤豆为豆科刀豆属刀豆[*Canavalia gladiata*（Jacp.）DC.]干燥成熟的种子，又名凤眼豆、关刀子豆、刀把子豆、拇指豆等。

形态特征

白凤豆呈扁卵形或扁肾形，长为2~3.5厘米，宽为1~2厘米，厚为0.5~1.2厘米；外表面呈淡黄色，表皮略微皱缩，稍有光泽；质地硬，不易破碎；内表面呈棕绿色且光亮；无臭且味淡，嚼之有豆腥味。

生境分布

经考证，我国白凤豆的种植史已有1000多年，在南、北方均有种植。

二、营养及成分

据测定，白凤豆含有钙、铁、钾、钠、镁、铝、铜、硒等矿物质；含有维生素A、维生素B_1、维生素B_2、维生素E；含有胡萝卜素、血球凝集素、刀豆氨酸等营养成分。

每100克白凤豆主要营养成分见下表所列。

碳水化合物	53.8克
蛋白质	23.4克
膳食纤维	5.9克
脂肪	0.3克

三、食材功能

性味 味甘、微淡，性温。

归经 归脾、胃、肾、大肠经。

功能

（1）白凤豆能够和中健脾、补气益肾，可用于辅助治疗脾胃虚热、暑湿内蕴、泄泻呕吐、腹胀、咳嗽及痰喘等症。

（2）白凤豆提取物中含有大量活性成分，可以人体增强免疫力；白凤豆用于食疗可预防和改善腰痛、咽喉痛、牙痛、皮炎、尿道炎、溃疡、腹胀、气管炎等症。

四、烹饪与加工

白凤豆排骨汤

（1）材料：白凤豆、排骨、盐。

（2）做法：将白凤豆洗净；排骨先焯水，去掉浮沫和血水，洗净，备用；在砂锅里放入排骨和白凤豆，大火煮开后转小火煲2小时，出锅加盐调味，即可。

白凤豆排骨汤

焖白凤豆

（1）材料：白凤豆、洋葱、胡萝卜、番茄、糖、红椒酱、橄榄油、柠檬汁、盐。

（2）做法：将白凤豆浸泡过夜，沥干，备用；用橄榄油爆香洋葱，加入胡萝卜丁和糖，进行翻炒，加入番茄丁和红椒酱继续翻炒，盖上盖子，小火焖2~3分钟；加入白凤豆和盐，翻炒1分钟；加入热水，刚好盖过所有食材即可；煮开后，调至中小火焖煮30~45分钟，期间注意翻动，必要时需增添热水，直至豆子煮软，稍稍收干汤汁，关火放凉，加入柠檬汁拌匀，即可。

白凤豆馅

白凤豆可煮烂、捣碎后作月饼馅，馅料远比其他豆类制得的馅细密、饱满，且味不甜腻。

白凤豆馅

五、食用注意

（1）白凤豆必须蒸熟煮透食用，以免引起中毒。

（2）白凤豆不可过量食用，以免引起腹胀。

（3）白凤豆性温，热证患者慎食或少食。

孙悟空与白凤豆

相传，白凤豆这种被广泛应用的食材，其来历与《西游记》中“孙悟空三打白骨精”的故事有关。孙悟空第一次打的是白骨精变的二八佳人，佳人正值青春年华，生得一副好皮囊，美猴王孙悟空也不能免俗，带着强烈的好奇心，想看看这白骨精化成的美少女，其身体骨骼到底是怎样构成的，于是用嘴对准死去的美女一吹，只见白骨精化成的美少女顿时化作一阵青烟随风而散，只有那一对不同于凡间常人的眼睛，透着洁白的荧光落到泥土里，后来从尘土中生长出来的就是我们现在餐桌上的粮蔬皆佳的美味食材——白凤豆。

槐豆

汉家宫殿荫长槐，嫩色葱葱不染埃。
天仗龙旗穿影去，钩陈豹尾拂枝来。
青虫挂后蜂衔子，素月生时桂并栽。
我意方向杜工部，冷淘唯喜叶新开。

——《杂题三十八首并次韵（其十）》（北宋）梅尧臣

一、物种本源

拉丁文名称，种属名

槐豆为豆科植物槐［*Styphnolobium japonicum*（L.）Schott］的成熟果实，又名槐实、槐子、槐荚、天豆、槐角。

形态特征

成熟过程中的槐豆荚果成节状脱落下垂，呈连珠状，长为1~6厘米，直径为0.6~1厘米；表面呈黄绿色或黄褐色，皱缩且粗糙，背缝线一侧呈黄色；质柔润，易在收缩处折断，断面呈黄绿色且有黏性；内含1~6粒种子，呈肾形，长度约为8毫米，种子表面光滑且呈棕黑色，一侧有灰白色圆形种脐，质地坚硬，含有黄绿色子叶2片，嚼之有豆腥味。

生境分布

槐豆在我国种植区域分布较广，南、北各地普遍均有栽培。

二、营养及成分

槐豆中含有黄酮、异黄酮、生物碱、三萜皂苷等活性成分；含多种氨基酸和磷脂类成分。

三、食材功能

性味 味苦，性寒。

归经 归肝、大肠经。

功能

（1）槐豆具有清热败毒、凉血止血、清肝明目等功效。槐豆可用于辅助治疗肠风泻血、大肠脱肛、内外痔、眼热目暗、发热心闷、阴疝肿缩等症。

(2) 槐豆中的黄酮及异黄酮如槲皮素等，具有良好的抗氧化活性，可为机体提供体外抗氧化剂，延缓人体衰老。

(3) 槐豆中的活性成分，能够抑制葡萄球菌和大肠杆菌生长，具有杀菌活性。

四、烹饪与加工

槐豆一般作为药用。

槐角炭

槐角经武火，约230℃，炒制表面呈黑色且碳化为止，制成槐角炭。槐角炭可用于治疗肠风便血、痔疮肿痛。

槐角炭

五、食用注意

槐豆性寒，脾胃虚寒、食少便溏者及孕妇慎服。

不为草木伤民

《晏子春秋》里记载了一段耐人寻味的史实。

齐景公很喜欢槐树，特命官员守护。守槐者秉承主人之意，制定了“犯槐者刑，伤槐者死”的规定。

一次，有个人因醉酒伤坏了槐树，官府要加以刑罚。这人的女儿去找当时任宰相的晏子，讲述了自己的看法：“君不为禽兽伤人民，不为草木伤禽兽。现在国君却因为树木的缘故，治罪于我的父亲，恐怕邻国会说国君亲爱树而轻贱人啊。”

晏子将这个情况向齐景公做了汇报。齐景公颇受感动，觉得确实不应该因草木伤民，于是下令“罢去守槐之役，废除伤槐之法，放出触犯槐树的囚徒”。

四棱豆

种豆南山下，草盛豆苗稀。
晨兴理荒秽，带月荷锄归。
道狭草木长，夕露沾我衣。
衣沾不足惜，但使愿无违。

——《归园田居（其三）》
（晋）陶渊明

一、物种本源

拉丁文名称，种属名

四棱豆［*Psophocarpus tetragonolobus*（L.）DC.］为豆科四棱豆属一年生或多年生攀缘草本植物，豆荚呈四面长柱体，有四条棱角，故名四棱豆；又名翼豆、四角豆、翅豆、杨桃豆、果阿豆、尼拉豆、皇帝豆、香龙豆等。

形态特征

荚果呈四棱状，长为10~25厘米，宽为2~3.5厘米；颜色为黄绿色或绿色，部分带有红色斑点，翅宽为0.3~1厘米，边缘类似锯齿形状；内含8~17粒种子，种子颜色有白色、黄色、棕色、黑色或各种颜色混合，近似球形、表面光亮，直径为0.6~1厘米，边缘有假种皮。

生境分布

四棱豆原产地为非洲及东南亚热带潮湿地区，我国栽培四棱豆的历史已有百年以上，在云南、广西、广东和海南等省（区）均有种植。

二、营养及成分

四棱豆种子所含蛋白质的总质量约为种子质量的33%；含有丰富的多不饱和脂肪酸，如油酸、亚油酸、α-亚麻酸、花生烯酸、二十碳五烯酸、棕榈油酸等；所含赖氨酸的含量较高，约占种子的0.1%；含有钙、铁、锌等矿物质及维生素E、维生素C、维生素D等，鲜种子中维生素E含量约为1.3克/千克；含有丰富的胡萝卜素和烷烃类、烯烃类、羧酸类化合物。

每100克四棱豆部分营养成分见下表所列。

蛋白质	6.9克
碳水化合物	4.3克
脂肪	0.9克
多不饱和脂肪酸	0.3克
单不饱和脂肪酸	0.2克

三、食材功能

性味 味甘、淡，性微温。

归经 归脾、肾经。

功能

（1）四棱豆是傣族的传统药物，可用于治疗口腔溃疡、齿痛、咽痛、泌尿系统炎症等。

（2）四棱豆富含维生素D、维生素E，能够提高生育能力，预防流产、婴儿佝偻病、妇女软骨病、老年骨质疏松症等，可改善血液循环；富含赖氨酸，可以促进人体对钙的吸收，维持人体内蛋白质平衡，促进机体骨骼发育且能够增强食欲。

（3）四棱豆含有丰富的胡萝卜素，可抗衰老、保护心血管等。

（4）四棱豆中的黄酮类和维生素E等具有抗氧化活性。

四、烹饪与加工

蒜片四棱豆

（1）材料：四棱豆、蒜、干红辣椒、盐、油。

（2）做法：将四棱豆、蒜切成薄片，备用；将四棱豆倒入加有少许盐和油的沸水中，焯烫几十秒，用冷水浸泡冷却，沥干；用七成熟热油爆香干红辣椒和部分蒜片，加入四棱豆煸炒，加盐继续翻炒数分钟；出锅前，加入剩余的蒜片，翻炒均匀，即可。

四棱豆炒肉

(1) 材料：四棱豆、猪里脊肉、盐、油、料酒、胡椒粉、淀粉、甜面酱、蚝油。

(2) 做法：四棱豆切丁和猪里脊肉切丁，备用；肉丁里加入料酒、胡椒粉和少许盐腌制片刻，加入淀粉抓匀，备用；起锅热油，下肉丁滑油，滑散熟透后盛出；留少许底油，加入焯烫过的四棱豆，煸熟，倒入猪里脊肉丁，加入用甜面酱、蚝油调成的料汁炒匀，即可。

蒜片四棱豆

四棱豆炒肉

四棱豆油

四棱豆种子中不饱和脂肪酸含量高，可作为食用油原料进行开发。

四棱豆发酵饮料

四棱豆中蛋白质含量丰富，可与蔗糖、脱脂奶粉及其他食品添加剂复配，用于加工四棱豆乳酸菌发酵饮料。

五、食用注意

(1) 四棱豆利尿，尿频患者不宜过多食用。

(2) 四棱豆不宜生食，以免中毒。

四棱神豆

据民间传说，很久很久以前，在云南西双版纳的一个小镇上，住着一对勤劳善良的傣族夫妇，丈夫叫岩刀，妻子叫玉香。两口子相亲相爱，小日子过得有滋有味。

在一个寒冷的冬天，美丽的玉香产下了他们的小宝宝。不幸的是，玉香在产后却得了一种怪病，从脚向上开始浮肿，甚至连尿也排不出来了，病情一天比一天严重。由于大雪封山，家里眼看着就要断粮、断柴了，玉香又没有了奶水，孩子饿得哇哇地哭。大人们也是饥肠辘辘，唉声叹气。

百般无奈之下，丈夫岩刀只好把秋天为家畜采集的一种野生豆子从草堆里搜腾出来，煮给一家人充饥。让人意想不到的是，产妇玉香在吃了几天野生豆子之后，憋了几天的尿排出来了，浮肿也在逐渐消退，病情开始慢慢好转。原来已经快要枯竭的奶水一天比一天多了起来，虚弱的身体竟神奇般地一天天康复了。

躲过一劫的玉香夫妇，把这种治病救命的野生豆子看作“神奇的豆子”，并把它推荐给周围的乡亲。后来，当地的百姓也开始采集野生豆种试着进行种植。因为这种野生豆子形状独特，有四条棱角，所以大家就干脆叫它“四棱豆”了。

黎豆

别来虎豆又生牙，尚在扬州卖酒家。
醉后清狂应不减，起拈花弹打鸣鸦。

——《寄别》（明）宋濂

一、物种本源

拉丁文名称，种属名

黎豆［*Stizolobium capitatum*（Sweet）O. Ktze.］为豆科蝶形花亚科黎豆属植物，其嫩荚及种子可供食用，又名虎豆、狸豆、猫豆。

形态特征

黎豆种子呈扁椭圆形或肾形，长约1.4厘米，宽约1厘米，厚约6毫米；表面呈灰白色，有灰黑色斑纹，微皱缩却略具光泽，边缘有灰黑色种脐；种脐长度约为6毫米，宽度约为1.5毫米；质地坚硬，种皮薄而脆，子叶呈黄白色；味淡，入口咀嚼后有豆腥味。

生境分布

黎豆在我国广东、四川、云南等地均有野生分布和栽培。

二、营养及成分

黎豆中含有左旋多巴、黎豆素、喹啉类生物碱、吲哚类、多酚类、不饱和脂肪酸等生物活性成分，不同花色黎豆中营养成分含量略有不同。

每100克紫花黎豆部分营养成分见下表所列。

可溶性糖	13克
纤维素	4.7克
蛋白质	0.3克
维生素C	35.6毫克

三、食材功能

性味 味甘、微苦，性温，有微毒。

归经 归肺、脾经。

功能

（1）黎豆有温中益气的功效。

（2）黎豆中含有大量左旋多巴，在临床上，能够用于治疗帕金森综合征，也可用于治疗肝性脑病、骨折、神经痛等病症。

四、烹饪与加工

黎豆炖猪骨

（1）材料：黎豆、猪骨、胡椒粒、盐。

（2）做法：黎豆用清水煮沸，剥去外硬壳和豆衣，用清水浸泡1~4天，每天换水1次，方可用于烹饪；猪骨焯水，洗净，备用；将黎豆、猪骨放入砂锅中煲2小时左右，加入胡椒粒、盐调味，即可。

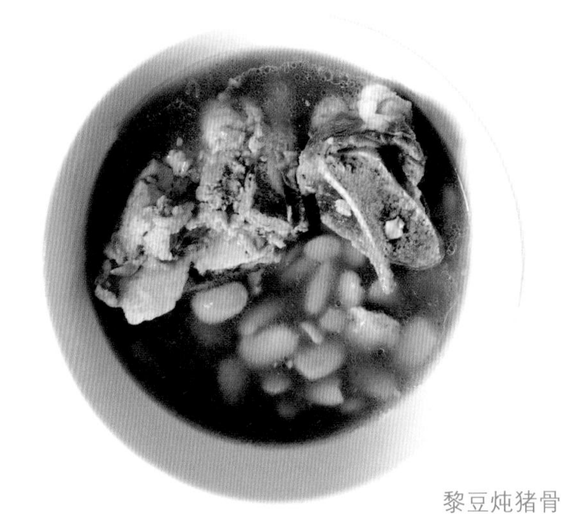

黎豆炖猪骨

黎豆炒韭菜

（1）材料：黎豆、韭菜、油、盐。

（2）做法：黎豆用清水煮沸，剥去外硬壳和豆衣，用清水浸泡1~4天，每天换水1次，方可用于烹饪；韭菜洗净，切段，备用；油锅七成热，下黎豆，翻炒几分钟，加韭菜继续翻炒，加少量水焖煮几分钟，豆熟后加盐调味，即可。

黎豆炒韭菜

五、食用注意

《纲目》："多食令人闷。"

《本草药性大全》："勿与盐煮食之。"

黎豆和阿嫲的故事

很久很久以前，在汉水流域有一个古老的民族。他们是火神祝融氏的一支后裔，以云为图腾，还以“妘”为姓。他们生活的地方，就是史书中记载的古云梦泽。

一方水土养一方人，妘姓女孩子都以美丽闻名，俗称云女。在众多云女中，最美的就是织女阿嫲。阿嫲不仅漂亮，还能织造云霞一样的锦缎。

汉水西南岸的汉阴山，住着放牛娃黎豆。黎豆是个孤儿，唯一的朋友就是与他相依为命的老水牛，黎豆喜欢和老水牛一起横渡汉水。

有一天，黎豆游过汉水，在东北岸的土坡上睡觉。可能是太累了，一觉睡到日上三竿还不晓得醒来。正睡着，黎豆觉得脸上有什么东西挠得痒痒的，他便假装睡觉，忽然伸手抓住一个人的胳膊，睁眼一看，原来是个漂亮女孩。

女孩吓了一跳，黎豆涨红了脸，赶紧松开手。黎豆仔细一看，眼前这位姑娘就是远近闻名的织女阿嫲。少年的心一下子被触动了，但嘴上却嗔怪道：“你不在家织布，跑到这里来挠我的脸干什么？”

阿嫲红着脸不说话，黎豆又故意说：“你得赔我瞌睡！”说着就抓住阿嫲的胳膊，不肯放她走。

这时候，从坡子那头跑来个年纪大点的女孩子，怒气冲冲地说：“哪来的野小子，拉扯着人家小丫头的手干什么？”一边说着，一边拉着阿嫲离开。

黎豆就跟着她们走，女孩子问他：“我们回家去，你跟着干什么？”黎豆站着，不吭声。她们走，黎豆就跟着走。

直到阿婳的家门口，阿婳的爸爸妘先生出来说："小哥啊，你到底要干什么啊?"

黎豆愣了半天，终于大着胆子说："我要娶阿婳!"

"想娶阿婳，你要请媒人拿聘礼来呀，你回家去准备吧!"黎豆站在那里不说话也不走，妘先生只好关了门，不再理他。可是黎豆每天都站在门口，风雨无阻。

劝不走也赶不走，妘先生就说："你在我这里干三年农活，如果我们全家人都对你满意，你才有资格娶阿婳。"黎豆满口答应。

从此，黎豆在阿婳家起早贪黑地干农活。三年里，二人朝夕相处，渐生情愫。村里人不光看在眼里，还唱在歌里："桃花甜来杏花苦，牛郎夜半想织女。一爱织女手艺傲，二爱织女有善举。牛郎全心都是爱，恰如春天桃花雨。桃花红来稻花黄，织女半夜想牛郎。一爱郎的憨厚劲，二爱郎的好心肠。憨厚有情很实在，心好才是我的郎。"

三年期满，阿婳嫁给了黎豆，乡亲们见了，都说黎豆好福气。于是，大家就把屋前屋后的一种野生豆子叫作"黎豆"，隔几天就要采来食用，希望能沾沾黎豆的福气。

香椿芽

峨峨楚南树，杳杳含风韵。
何用八千秋，腾凌诧朝菌。

——《椿》（北宋）晏殊

一、物种本源

拉丁文名称，种属名

香椿芽为被子植物门楝科香椿属落叶乔木香椿树［*Toona sinensis* (A. Juss.) Roem.］的嫩芽，又名香椿头、山椿、猪椿、春尖叶等。

形态特征

可食香椿芽只有紫香椿芽和绿香椿芽两种，香椿幼芽香味浓郁、纤维少、油脂含量高，品质佳。

生境分布

香椿芽在中国的食用历史悠久，在汉代就已遍布大江南北。如今，在全国各地均有栽培。

二、营养及成分

据测定，香椿芽含有维生素A、维生素B_1、维生素B_2、维生素B_3、维生素C、维生素E，钙、铁、磷、锌、硒等矿物质，含有多酚类、萜类、苯丙素类、含硫化合物、黄酮、生物碱、胡萝卜素等活性成分。

每100克香椿芽部分营养成分见下表所列。

碳水化合物	9.1克
膳食纤维	1.8克
蛋白质	1.7克
维生素E	0.9克
脂肪	0.4克

钙	96毫克
铁	3.9毫克
维生素B_3	0.9毫克
维生素B_2	0.1毫克
维生素B_1	0.1毫克

三、食材功能

性味 味苦，性凉。

归经 归肺、胃、大肠经。

功能

（1）香椿芽可祛风利湿、润肤明目、益肾，可缓解肺热咳嗽、痢疾、目赤、疔疽、腰膝酸软、白秃、脱发等症。

（2）香椿芽可健脾开胃，促进食欲。

（3）香椿芽具有抗衰老、滋补身体、增强人体免疫力等作用。

四、烹饪与加工

香椿芽炒鸡蛋

（1）材料：香椿芽、葱、鸡蛋、盐、油。

（2）做法：将葱末、香椿芽末与鸡蛋液混匀，倒入热油锅内，使蛋液均匀地平铺在锅底上，小火煎至蛋液略微凝固成饼状后，翻面，另一面同样煎至凝固，加盐调味，即可。

香椿芽豆腐罐头

（1）预处理：香椿芽经清洗、热烫、冷漂、沥干等工序后，切段，备用。

香椿芽炒鸡蛋

（2）加工：另准备植物油，加热；加入姜块、干辣椒爆炒；加入香椿段、油炸处理的豆腐块，翻炒；加入调味品调味；加入淀粉勾芡。

（3）成品：经灌装、杀菌、检验等工序，制成罐头。

速冻香椿

（1）预处理：将香椿芽洗净且晾至表面无水分。

（2）加工：将香椿芽装在塑料保湿袋内，将温度在1小时内降低到–35℃，冷冻保存。

（3）成品：解冻后的香椿芽味道与鲜芽同样鲜美。

五、食用注意

（1）未腌透的香椿芽中含有大量的亚硝酸盐，食后易中毒，忌食。

（2）服用利尿药螺内酯时，不应食用香椿芽，以免诱发高钾血症。

（3）虚寒痢疾者，不宜食用。

刘秀错封香椿

山东滕南流传着这么一首儿歌："椿树椿树王，你长粗来我长长；你长粗来好解板，我长长来穿衣裳。"大年三十，孩子们就抱着椿树唱这首歌。椿树是如何称王的？说来话长。

当年刘秀被王莽追得上天无路，入地无门，急得跑到一棵榆树下大喊："榆树，救我！救我！"话没落音，那棵大榆树"咔嚓"一声，树身裂开，把刘秀藏得严严实实。等追兵走远了，刘秀爬出来对榆树说："等我恢复汉家江山，一定给你披红戴花，封你为树中之王。"

刘秀恢复了汉室后，一直记得榆树的救命之恩，命太子带上彩红、金花，去封榆树为树中之王。太子来到那里，看到了站着的榆树、椿树和柳树。他看着榆树裂纹炸丝，歪歪巴巴，不成体统，怎么能为树王？再看柳树，柳树树头大，树身不挺拔，也不配当王。再看椿树，高插入云，直直挺挺，很有气派。太子觉得椿树当王还差不多，就高声对椿树说："我奉父王之命，封你为树中之王"，说完叫人给椿树披上彩红，戴上金花。

这么一来，榆树气得死去活来，树心烂得更厉害。据说榆树常常空心，就是这么回事儿。柳树为这事天天低头沉思，一直向下垂着头，再也抬不起来了。

张天师知道这件事也生气，指着椿树骂："你这个家伙，长相虽不孬，其实臭不可闻！"从那时起，椿树就有了臭气。可它受了皇封，总是高高在上，什么树也盖不住它，还开金色的花，结金色的籽，连小孩都称它"椿树王"哩。

萝卜芽

密壤深根蒂，风霜已饱经。
如何纯白质，近蒂染微青。

——《园蔬十咏·萝卜》
（南宋）刘子翚

一、物种本源

拉丁文名称，种属名

萝卜芽为十字花科萝卜属一年生或两年生草本植物萝卜（*Raphanus sativus* L.）的成熟种子经吸水萌发而生成的肥嫩幼苗，又名莱菔芽、萝卜子芽、芦菔芽、罗服芽、温菘芽。

形态特征

萝卜芽以芽苗叶绿、茎白、鲜嫩为佳。

生境分布

全国各地均有栽培，亦特别适宜家庭培育，自培自食。

二、营养及成分

萝卜芽中含有大量的胡萝卜素、硫苷、淀粉酶、异硫氰酸酯、花色苷、纤维素、维生素B_1、维生素B_2、维生素C和维生素E，以及铁、磷、钙钾等矿物质，其中维生素C含量较高，相当于柠檬果实中的2.4倍。

每100克萝卜芽部分营养成分见下表所列。

碳水化合物	3.3克
蛋白质	2.1克
膳食纤维	1.9克
胡萝卜素	1.9克
脂肪	0.5克
维生素C	47毫克

维生素B_1	0.1毫克
维生素B_2	0.1毫克

三、食材功能

性味 味辛、甘，性平。

归经 归脾、胃、肝经。

功能

（1）萝卜芽既能消食导滞，又善降气祛痰，消食之中还具有行气除胀之功，但均用于实证。

（2）萝卜芽中含有苦味和辛辣味的活性成分，具有祛痰消积、利尿止泻的作用。

（3）萝卜芽中的活性成分对常见致病性皮肤细菌，如链球菌、葡萄球菌、肺炎球菌、大肠杆菌有抑制作用，且能够降低人体受病毒感染的风险。

四、烹饪与加工

凉拌萝卜芽

（1）材料：萝卜芽、盐、糖、醋、鸡精、芝麻油。

（2）做法：将新鲜萝卜芽冲洗干净后，用淡盐水浸泡10分钟，捞出并滤掉水分，放入盘中；将盐、糖、醋、鸡精、芝麻油等调配成汁，将汁浇到菜上，拌匀，即可。

凉拌萝卜芽

清炒萝卜芽

（1）材料：萝卜芽、芹菜、姜、盐、油、糖、黄酒、味精。

（2）做法：姜切成片，锅里放入适量的油并烧热，加入姜片煎一下，将萝卜芽和芹菜一起放入锅中用大火翻炒，片刻后加入盐、糖、黄酒，翻炒均匀加入味精，即可。

清炒萝卜芽

萝卜芽茶

（1）预处理：将成熟的萝卜芽洗净、切短，加盐腌制至变色。

（2）加工：将腌好的萝卜芽放入锅里隔水蒸熟，将蒸熟的萝卜芽去水，放到阳光下暴晒，直至晒干。

（3）成品：将晒干后的萝卜芽茶收起封装，喝的时候泡水，即可。

五、食用注意

（1）肺肾亏虚、咳喘者，不宜食用。

（2）体虚者，不宜食用。

（3）不能与人参、熟地黄等补药同用。

萝卜芽轶事

咱们的老祖宗十分看重萝卜，民间有“冬吃萝卜”的习俗，还有“一根萝卜治百病”的说法。萝卜的根能吃、苗能吃，就连古人不吃的萝卜叶都有丰富的营养价值。人们把萝卜叶切碎喂鹅、喂猪，家禽、家畜就不生病了。作为“当家蔬菜”，萝卜在古代人见人爱。

唐朝时候，日本派了遣唐使来学习汉文化和各种技术。据说遣唐使一来到中土，就大吃一惊，他发现大唐百姓用萝卜叶喂猪！心想：大唐是真富庶，我们日本的萝卜叶都是给人吃的。

后来住得久了，又见萝卜在中土有多种烹调方法，而日本人只会用萝卜煮汤，遣唐使真是羡慕不已。最新奇的是看到大唐百姓将萝卜储存，待其春日出芽，便食其嫩芽，名为“娃娃萝卜”。遣唐使一吃，觉得鲜嫩无比，便学了烹调方法并传回日本。日本人本就喜爱萝卜，奉萝卜为农业神尊之一，又见萝卜芽好看、好吃，名字还可爱，更是喜欢得不得了。于是，萝卜芽一下子就在日本风行起来。直到现在，萝卜芽还是日本人最爱吃的菜品之一。

中华饮食文化源远流长、璀璨夺目，对周边诸国都有巨大的影响，这萝卜芽就是其中的一个“见证者”。

花椒芽

欣忻笑口向西风，喷出元珠颗颗同。
采处倒含秋露白，晒时娇映夕阳红。
调浆美著骚经上，涂壁香凝汉殿中。
鼎餗也应知此味，莫教姜桂独成功。

——《花椒》（南宋）刘子翚

一、物种本源

拉丁文名称，种属名

花椒芽为芸香科花椒属落叶小乔木花椒树（*Zanthoxylum bungeanum* Maxim.）在发芽期长出的幼嫩芽叶，又名秦椒芽、川椒芽、花椒叶。

形态特征

花椒芽为奇数羽状复叶或散落的小叶，叶片呈片形或卵状长圆形，长为1.5~6厘米，宽为0.6~3厘米；叶片表面呈暗绿色或棕绿色，先端急尖，基部钝圆，边缘具钝齿，对光透视，齿缝间有大而透明的油点，主脉微凹，侧脉斜向上展；有叶轴且叶轴腹面具狭小翼，背面有小皮刺；气香，味微苦。

生境分布

花椒芽主要产自四川、陕西、河南、湖南、河北、云南、山西等省，其中四川的花椒芽产品质量好，河北、山西产量高。

二、营养及成分

花椒芽含有异茴香醚、牻牛儿醇、柠檬烯等挥发性成分及黄酮等活性成分。

每100克花椒芽部分营养成分见下表所列。

碳水化合物	9克
蛋白质	6克
膳食纤维	1.8克

钾	0.4克
脂肪	0.3克
磷	0.1克
钙	98毫克
维生素C	45毫克
铁	2.4毫克
锌	1.4毫克
维生素A	0.5毫克

三、食材功能

性味 味辛，性热。

归经 归脾、胃、肾经。

功能

（1）花椒芽中含有丰富的蛋白质，可为机体补充蛋白质，还可以提高人体免疫力。

（2）花椒芽中的黄酮类物质可清除机体内过多的自由基，有助于维持机体内的氧化平衡，是良好的体外抗氧化剂。

（3）花椒芽中含有一定量的膳食纤维，有助于改善胃肠道功能。

四、烹饪与加工

香酥花椒芽

（1）材料：花椒芽、面粉、淀粉、盐、油。

（2）做法：将晒干的花椒芽放入容器中，加入温水，浸泡4小时；将

香酥花椒芽

泡好的花椒芽反复清洗，沥水；取一个大碗放入面粉、淀粉和少许的盐，面粉和淀粉的比例是1∶1，放入适量水，拌匀；将花椒芽放入面糊中，使花椒芽均匀地挂上面糊；油温达到六成时，炸至酥脆，即可。

花椒芽煎饼

（1）材料：花椒芽、面粉、芝麻、盐、油。

（2）做法：将花椒芽加一小勺盐碾碎，放入面粉中，再加适量芝麻、油，揉成面团后擀成薄薄的圆饼（越薄越好），放入电饼铛烤至色焦黄、味酥脆，即可。

花椒芽酱

（1）预处理：以花椒芽为主料，将其用清水洗净，用沸水漂烫杀青，沥水，利用烘箱烘干水分，备用。

花椒芽煎饼

（2）加工：将花椒芽放入炒锅中，加入各种香辛调料，包括葱、姜、蒜，再加入调和油、盐、芝麻、黄豆酱、淀粉等炒制，炒制结束后放入玻璃罐中。

（3）成品：利用热水浴排气、封盖，进行高温高压杀菌，随即利用凉水进行冷却处理。

花椒芽茶

花椒芽经室内晾晒、杀青、多次晾晒、烘干、晾至室温等程序后，可制成茶叶制品。

五、食用注意

湿热、阴虚体质人群应忌食或少食。

花椒名字的由来

三皇五帝时期，长江岸边，有个临江小镇。小镇里住着一对年轻夫妻。男的，叫椒儿；女的，叫花秀。两人恩恩爱爱，辛苦劳作，生活过得十分富裕。

有一年，神农到临江考察。当地大官把椒儿家作为神农考察的地点，这么安排是因为椒儿家生活富裕，这样神农一看临江人生活富裕，一定认为此地父母官“执政为民”，那临江的官员，就有希望得到升迁。可神农哪是好糊弄的！他到了椒儿家，鸡、鸭、鱼肉不吃，就想吃家常便饭。这下，可把地方官难住了。

家常饭苦涩难咽，神农吃不好，肯定不乐意。看到地方官为难，花秀站了出来。她说自己做的家常饭比山珍海味还好吃，就给神农做了荞麦面摊饼、清炒小白菜和红萝卜汤。汤一上桌，一股清香直往神农鼻子里钻。

神农一尝，赞不绝口。他问花秀，为何此汤如此之香。花秀说，汤里加了一种香料。神农是农业专家，一听香料就来了劲头，要花秀带他去看一看。

于是他们来到山里，花秀从一棵树上采摘了一粒果实，让神农尝一尝。刚放到嘴里，醇麻味很快散发开来，向喉咙蹿去。神农喝下事先准备好的凉开水，将果粒服下，不一会儿就感觉到脾胃发热，胃气上冲。神农立即发现，这不光是烹饪的香料，也是医病的良药啊。他一边大加赞赏，一边记录下来。

后来，这种美味的调味品就用花秀和椒儿名字命名为“花椒”。

柳芽

十五日中春日好，可怜沉痼冷如灰。
以前虽被愁将去，向后须教醉领来。
梅片尽飘轻粉靥，柳芽初吐烂金醅。
病中无限花番次，为约东风且住开。

——《奉酬鲁望惜春见寄》
（唐）皮日休

一、物种本源

拉丁文名称，种属名

柳芽是杨柳科柳属（*Salix* L.）植物的新芽，又名柳实、柳子、清肠草。

形态特征

柳芽呈线形，叶呈狭披针形或线状披针形，长度为9~16厘米，宽度为0.5~1.5厘米，先端长渐尖，基部呈楔形；两侧表面无毛或微有毛，上面呈绿色，下面颜色较淡，有锯齿缘，叶柄长5~10毫米，有短柔毛。

生境分布

柳芽须在柳未开花絮之前采用。柳树为道旁、水边等绿化常用树种，随处可见，耐水湿及干旱性强，在亚洲、欧洲、美洲各地均有种植。

二、营养及成分

柳芽中含有蛋白质、维生素C、钙、铁、碘、多种氨基酸、胡萝卜素等成分，还含有水杨苷、鞣质等活性成分。

三、食材功能

性味 味苦，性寒。

归经 归肺、肾、心经。

功能

（1）柳芽味苦，具有清热解毒、祛火利尿、祛风化痰等作用。

（2）柳芽中含有水杨苷成分，有解热和镇痛的作用。

（3）柳芽中含有多种矿物质，其中碘含量丰富，可用于缺碘类疾病的辅助治疗。

四、烹饪与加工

凉拌柳芽

（1）材料：嫩柳芽、盐、味精、香油、糖、米醋、酱油、蒜。

（2）做法：将嫩柳芽择洗干净，用沸水烫熟、清水浸淘，除去苦味，挤净水分，切成段，放入盆中；加入盐、味精、香油、糖、米醋、酱油、蒜泥，翻拌均匀，装盘，即可。

凉拌柳芽

肉丝炒双芽

（1）材料：柳芽、绿豆芽、猪肉、蒜、油、盐、糖、酱油、料酒。

（2）做法：将柳芽用开水泡发，再用清水洗一遍，捞出，控去水分；将绿豆芽洗净、去根；将猪肉洗净，切丝；炒锅置火上，放入油，油热后下入肉丝，煸炒至变色，放入酱油、料酒、糖、蒜末，翻炒均匀，至肉丝微卷，盛出；锅回火上，放入油烧热，下入柳芽和绿豆芽，放入盐，炒至半熟，倒入肉丝一同煸炒至熟，出锅装盘，即可。

柳芽拌豆腐

（1）材料：柳芽、豆腐、姜、葱、酱油、味精、料酒、盐。

（2）做法：将豆腐用刀切丁，放开水锅内焯透，捞出，沥水，放碗内；柳芽用开水焯一下，捞出沥水，同豆腐放在一起，加入姜、葱、酱油、味精、料酒、盐等调料，拌匀，即可。

柳芽拌豆腐

柳芽茶

将柳芽洗净，沥干，放入铁锅内烘炒，杀青，炒至柳芽熟黄取出，晒干，即可。

五、食用注意

一般人均可食用柳芽，柳叶性寒，寒凉体质者少食。

杨柳菩萨

观音菩萨有33个化身，杨柳观音便是其中之一。

据说有一天，慈悲的观音菩萨听说中州民风很不好，百姓愚昧无知，贪财好利，决定前去度化那些愚人。头天夜里，她托梦给当地的百姓，说是明天观音菩萨要经过此地，点化有缘人，解救百姓的苦难。

第二天，当地的百姓纷纷谈起了昨夜所做之梦，发现居然是同一个梦。于是，众人满怀希望等待观音菩萨的到来。人们每见到一个陌生人，都要上前询问，问是否是观音菩萨的化身。但是让大家失望的是，没有一个人是观音菩萨。

原来，观音菩萨化作了一个穷苦的老妇人在路边乞讨，没有一个人注意到她。当时中州地区正值大旱，庄稼都枯萎了，百姓的粮食很紧张。化身为老妇人的观音菩萨乞讨了很多家，都没有要到一点吃的，她不禁叹息道："干旱固然是天灾，可也是人自作自受的结果啊。"

正巧有一个叫刘世显的人听到了菩萨的叹息，他心中一动，暗想：难道这老妇人就是观音菩萨不成？于是他上前问道："老婆婆，如果从现在开始，每个人都积德行善，改过自新，今年的天灾还可以救得了吗?"

菩萨笑着说："上天之心是最仁慈的，只要人们诚心悔过，菩萨是会看见的。"

刘世显伏身拜道："多谢观音菩萨点化！如今弟子茅塞顿开，愿菩萨大发慈悲，降下甘霖。弟子愿建寺庙供奉菩萨。"

菩萨道："明天午时三刻，我将显化真身，降下甘霖，你可去告知百姓。"刘世显再三拜谢，菩萨却已悄然隐去。

第三天，将近晌午时分，太室山顶飘起一片白云。白云散去，观音菩萨显现真身。只见菩萨丈六金身，头戴锦兜，身着袈裟，赤着双脚，手中捧着一只羊脂白玉净瓶，瓶中是甘霖和柳枝。众人见了，慌忙下拜，口中念诵“大慈大悲观世音菩萨”。

菩萨从净瓶中取出柳枝，蘸着甘霖，向农田中轻轻撒去，其法相也随之逐渐隐去。不一会儿，大雨倾盆，一直下了半个时辰才停住。

自那之后，刘世显捐资在太室山上建了一座庙。庙中供奉着手捧杨柳净瓶的观音菩萨像，被人们称为“杨柳观音”。

参考文献

[1] 陈寿宏. 中华食材 [M]. 合肥：合肥工业大学出版社，2016.

[2] 张康逸，宋范范，周腾飞，等. 黄豆芽口服液制备工艺 [J]. 食品与发酵工业，2018，44（5）：182-186.

[3] 李杨，马雪，刁小琴，等. 黄豆芽乳调味饮料制备及稳定性研究 [J]. 中国调味品，2018，43（5）：65-67.

[4] 程彦伟，李勇慧，冯爱青，等. 板蓝根绿豆芽汁复合饮料的研制 [J]. 河南工业大学学报（自然科学版），2012，33（6）：81-84.

[5] 崔丽娟，徐莹，刘爱霞. 绿豆芽软罐头加工工艺 [J]. 农业工程，2015，5（1）：28-29.

[6] 王苹，王艳梅，苏玉春，等. 黑大豆萌发期功能性营养成分测定与分析 [J]. 2004：25（4）：132-133，88.

[7] 王爱梅，周建辉，欧阳静萍. 大豆异黄酮对更年期大鼠抗氧化作用及提高学习记忆能力的研究 [J]. 现代医药卫生，2008（7）：954-956.

[8] LI N，HUANG Q B. The SSP isoflavone components and pharmacological effects and clinical applications [J]. Mod chin med，2008，10（7）：18.

[9] 吴先辉，焦镭. 黑豆芽菜饮料的生产工艺 [J]. 粮油加工与食品机械，2003，10：101-104.

［10］ 王飞霞，杨晓华，张华峰，等. 3种豆芽中异黄酮、多酚的体外抗氧化活性及其对果蝇SOD、GSH-Px活力的影响［J］. 中国食品学报，2018，18（11）：57-64.

［11］ FILE S，JARRETT N，FLUCK E，et al. Eating soya improves human memory［J］. Psychopharmacology，2001，157（4）：430-436.

［12］ DUFFY R，WISEMAN H，FILE S E. Improved cognitive function in postmenopausal women after 12 weeks of consumption of a soya extract containing isoflavones［J］. Pharmacolgy biochemistry behavior，2003，75（3）：721-729.

［13］ 刘华林，董雨薇. 高含多肽黑豆芽奶味布丁的工艺研究［J］. 粮食科技与经济，2019，44（11）：112-114，140.

［14］ 王发春，陈志，王文颖，等. 豌豆多糖的抗氧化与抑菌活性研究［J］. 安徽农业科学，2011，39（26）：16431-16432，16440.

［15］ 余晓红，邵荣，许琦，等. 豌豆啤酒的研制［J］. 食品科学，2007（11）：638-641.

［16］ 邢莎莎，陈超. 香椿化学成分及药理作用研究进展［J］. 安徽农业科学，2010，38（17）：8978-8979，8981.

［17］ 周婵媛，阮婧华，黄健，等. 香椿化学成分及生物活性研究进展［J］. 中成药，2020，42（5）：1279-1291.

［18］ 李素萍，郭卫芸，郭书贤，等. 香椿豆腐罐头的研制［J］. 食品研究与开发，2019，40（11）：100-105.

［19］ 黄菊，刘燕迪，孔维明，等. 花椒芽酱的加工工艺研究［J］. 农产品加工，2018（15）：21-23，27.

［20］ 孙明明，王萍，李智媛，等. 大豆活性成分研究进展［J］. 大豆科学，2018，37（6）：975-983.

［21］ 房征宇，房文彬. 豆腐的保健功能［J］. 解放军保健医学杂志，2004（1）：8.

［22］ 赵天瑶，王丽云，姜宏伟，等. 豆类种子及其芽苗菜的营养品质、功能性成分及抗氧化性研究［J］. 食品与发酵工业，2020，46（5）：83-90.

［23］ 孙冬阳，呼鑫荣，薛文通. 豌豆功效成分及其生理活性的研究进展［J］. 食品工业科技，2019，40（2）：316-320.

［24］ LUO J，CAI W，WU T，et al. Phytochemical distribution in hull and cotyledon of adzuki bean (Vigna angularis L.) and mung bean (Vigna radiate L.), and their contribution to antioxidant, anti-inflammatory and anti-diabetic activities [J]. Food chemistry, 2016, 201: 350-360.

[25] HWANG E, PARK S Y, LEE H J, et al. Vigna angularis water extracts protect against ultraviolet B-exposed skin aging in vitro and in vivo [J]. Journal of medicinal food, 2014, 17 (12): 1339-1349.

[26] WU S, FENG S, CI Z, et al. Fermented miso with adzuki beans or black soybeans decreases lipid peroxidation and serum cholesterol in mice fed a high-fat diet [J]. journal of food and nutrition research, 2015, 3 (3): 131-137.

[27] 刘慧菊，韩丽娟，乔杨波，等. 不同微生物液态发酵对蚕豆蛋白营养价值及功能特性的影响 [J]. 食品与发酵工业，2020，46 (4)：65-71.

[28] 聂佳慧. 红芸豆抗黑色素瘤活性成分及机制研究 [D]. 太原：山西大学，2019.

[29] 黄小波，付明，陈东明. 四棱豆总黄酮抗氧化和抗肝损伤作用研究 [J]. 食品科学，2015，36 (15)：206-211.

[30] 赵小超，胡筱希，柴玲，等. 猫豆脂溶性成分及抗氧化活性研究 [J]. 中医药导报，2018，24 (22)：49-51，69.

[31] 张凤银，朱聪明. 白花黎豆和紫花黎豆的形态特征观察及营养成分分析 [J]. 中国农村小康科技，2010 (9)：62-63.

[32] 吴慧敏，刘兴泉，吴峰华，等. 红花生芽和黑花生芽主要营养成分分析 [J]. 营养学报，2018，40 (3)，310-312.

[33] 仝瑶，赵立艳，汤静. 鲜毛豆保鲜与加工研究进展 [J]. 食品工业科技，2018，39 (21)：337-341.

[34] 白雅晖，虞慧彬，徐晓东，等. 对不同品种蚕豆芽苗菜生长期内产量、品质及相关性的研究 [J]. 中国农业大学学报，2021，26 (10)：98-107.

[35] 杨珊，陈春艳，王胜难，等. 不同类型萝卜芽菜的生长及营养成分 [J]. 贵州农业科学，2020，48 (7)：74-77。

[36] 祝存录. 柳芽清肺补肾汤治疗过敏性哮喘 [J]. 中兽医医药杂志，2002 (4)：33-34.

[37] 卢欣欣，王杰，王彪，等. 扁豆中黄酮的积累规律研究 [J]. 安徽农业科

学，2017，45（20）：10-13.

［38］刘丹文，黄师荣，戈杜，等. 不同烹饪加工豇豆在冷藏过程中亚硝酸盐含量及抗氧化性能的变化［J］. 食品与机械，2016，32（9）：109-112.

［39］冯爱青，胡秋娈，崔娟. 槐豆中天然芦丁的提取工艺研究［J］. 安徽农业科学，2008（15）：6163-6164.

［40］傅樱花，张富春，彭永玉. 鹰嘴豆制品对糖尿病小鼠降血糖作用的研究［J］. 2016，37（4）：26-28.

图书在版编目（CIP）数据

中华传统食材丛书.豆荚芽菜卷/商红，商亚芳主编.—合肥：合肥工业大学出版社，2022.8

ISBN 978-7-5650-5117-3

Ⅰ.①中…　Ⅱ.①商…　②商…　Ⅲ.①烹饪—原料—介绍—中国
Ⅳ.①TS972.111

中国版本图书馆CIP数据核字（2022）第157791号

中华传统食材丛书·豆荚芽菜卷
ZHONGHUA CHUANTONG SHICAI CONGSHU DOUJIAYACAI JUAN

商　红　商亚芳　主编

项目负责人	王　磊　陆向军
责任编辑	袁　媛
责任印制	程玉平　张　芹
出　　版	合肥工业大学出版社
地　　址	（230009）合肥市屯溪路193号
网　　址	www.hfutpress.com.cn
电　　话	基础与职业教育出版中心：0551-62903120 营销与储运管理中心：0551-62903198
开　　本	710毫米×1010毫米　1/16
印　　张	10.5　　字　数　146千字
版　　次	2022年8月第1版
印　　次	2022年8月第1次印刷
印　　刷	安徽联众印刷有限公司
发　　行	全国新华书店
书　　号	ISBN 978-7-5650-5117-3
定　　价	95.00元

如果有影响阅读的印装质量问题，请与出版社营销与储运管理中心联系调换。